逻辑说话术

写给为梦想而奋斗的你

杨欢◎编著

中国轻工业出版社

图书在版编目（CIP）数据

逻辑说话术 / 杨欢编著 . — 北京 : 中国轻工业出版社，2019.9
（写给为梦想而奋斗的你）
ISBN 978-7-5184-2349-1

Ⅰ . ①逻… Ⅱ . ①杨… Ⅲ . ①语言艺术—青年读物
Ⅳ . ① H019-49

中国版本图书馆 CIP 数据核字 (2019) 第 179957 号

责任编辑：由 蕾　　策划编辑：由 蕾　　责任终审：劳国强
封面设计：王玉美　　版式设计：张龙梅　　责任监印：张京华

出版发行：中国轻工业出版社（北京东长安街 6 号，邮编：100740）
印　　刷：北京画中画印刷有限公司
经　　销：各地新华书店
版　　次：2019 年 9 月第 1 版第 1 次印刷
开　　本：880 × 1230　1/32　印张：33.5
字　　数：500 千字
书　　号：ISBN 978-7-5184-2349-1　定价：198.00 元（全 5 册）
客服电话：010-85111939
网　　址：http://www.chlip.com.cn
Email：club@chlip.com.cn
如发现图书残缺请与我社邮购联系调换
181397G1X101ZBW

前言

我们从小就学会了说话，却又没有几个人敢说自己是个善于说话的人。这是因为我们自认为自己的说话方式不够完美，也就是说话术存在问题。对于大多数人来说，说话术的问题在哪里呢？其实问题不在于说话本身，而在于大多数人的说话受到了理解能力的限制。

简单来说，是因为听不懂别人的意图，才讲不清自己的意思。

我们训练说话能力的目的，并不是为了成为字正腔圆的播音员、声若洪钟的话剧演员，而是为了解决工作和生活中的沟通问题。所以，想要锻炼自己的说话术，参加各种演讲训练不一定有效，还有可能舍本逐末。加强逻辑训练，也许才是提升说话术的根本解决之道。

在多数的说话场景中，首先要听懂别人的意图，要靠自己的大脑去听，这是解决说话问题的前提。

听的核心是要听懂，这并不仅仅是要听清楚对方说的每一个字，还需要对他人的言行、表情进行正确解读，对说话场景进行多方面考虑。这些因素会直接影响你的语言表达效果。语言是大脑思考之后的表达途径，假如连别人的意图都听不懂，我们的逻辑思维一定是混乱的，在这样的前提下，我们的语言一定是苍白无力、不知所云的。

如果一个人说话的逻辑混乱，让人摸不清表达的意图和重点，在生活中往往会给人一种不好沟通的感觉。生活中的大小事情无法沟通解决，会令人逐渐陷入纠缠不清的逻辑陷阱，让人苦恼不堪。例如：工作中往往自己耗费了很多时间，却因为说话的问题被人误解，会给人留下做事不用心、随意推卸责任的不良印象，甚至会让客户无法理解你的意思而终止合作，使得领导怀疑你的工作态度和能力。

因此，对于较为复杂的事情和场景，就要多琢磨，大脑思考得多了，自然就会捕捉足够的信息，弥补自己逻辑不连贯和疏漏的地方。找到了对方语言的逻辑，你就能体会到问题的重点是什么，进而清楚每个谈话者的用意。

逻辑是说话的基石，说话只是表达思想的工具。逻辑搞清楚了，不但解决了自己的表达问题，还能在日常沟通中，让自己显得更睿智、更强大。

现在的自媒体极为发达，碎片信息无所不在，各种各样的语言陷阱层出不穷。语言的陷阱往往会给人造成极大的损失，一时的损失钱财事小，本人还有可能深陷其中，不能觉察。在语言的陷阱中，往往有极具欺骗性的一套内在逻辑；人一旦相信了这种逻辑，就会做出错误的判断。有人把这种逻辑陷阱叫作“智商税”，有人叫作“逻辑洗脑”，深陷其中的人由于不明逻辑，一步步地被谎言“说服”，最后不自觉地越陷越深。在生活中，我们必须具有能够分辨出哪些是真话、哪些是谎言的能力，才不至于受误导甚至被欺骗。

其实，破解这一问题并不难，真相就在于语言背后的逻辑。语言陷阱的制造者，往往是使用诱导性语言的高手，在潜意识里让我们放弃自己的立场，赞同对方的观点。逻辑是思考的基础，也是一切观点的基础，然而当你身在其中，还能够清醒地记得这一点的人实在是少之又少，这也是有人被蒙骗，甚至加入到传销组织的原因，正是因为他们相信这个逻辑是正确的，所以觉得按照这个逻辑推导出的结果也是正确的。当我们内心意识到这是个语言陷阱时，在听别人说话的时候，就会时刻保持头脑冷静，不贸然认可，保持警惕，避免盲从。

逻辑对说话有长远的影响。说话缺少逻辑的人，往往注意力比较狭窄，习惯只注意到某一句话、某一个词，死抠细节而不顾大局。培养自己说话有逻辑的习惯，能够拓宽自己的眼界，注意事物之间的关联，培养多角度思维，进而提高整体做事能力，避免单一逻辑带来的偏颇和局限性。

人生来就具备学习说话的天性，但有逻辑的表达能力，却不是天生就具备的。本书着重于引导自我学习的方法，只要能够用心思考，注意细节，在日常生活中积累经验，即使是一个不善言辞的人，也会慢慢变得善于表达。当然，语言表达需要勤于练习，学会了方法，还要多给自己创造表达的机会，适应各种说话的场景，有了自信、放松的心态，展现自己的逻辑思维就不是难事。

目录

CONTENTS

Chapter 1—— 精准表达

逻辑世界说话指南

Chapter 2 —— 逻辑说服术

用逻辑改变思维

Chapter 3 —— 逻辑提问术

真相就在逻辑背后

目录 CONTENT

Chapter 5 —— 逻辑听话术

发现事实的真相

Chapter 6 —— 逻辑悖论

识破诡辩者的伎俩

Chapter 1

精准表达

逻辑世界说话指南

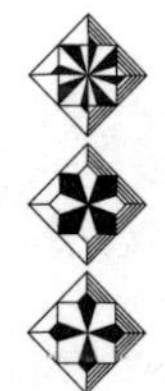

水平思考法，如何摆脱非此即彼的思维定式？

水平思考法（Lateral Thinking），又称为德博诺理论或发散式思维法，是英国心理学家爱德华·德博诺博士（Dr Edward De Bono）所倡导的创新思维方式。所谓水平思考法，就是摆脱非此即彼思维方式的思考方法。

“非此即彼”是很常见的思维方式，很多人在不知不觉间被这种方式左右了自己的思想。然而这种方式是非常极端的，因为它认为事物如果不是这个形态，就必然是那个形态，否认了中间形态的存在。也就是说，非此即彼的思维方式让人认为某个事物或者现象要么全部是正确的，要么全部是错误的；要么是这样的，要么就是那样的。例如我们古语中说的“不成功便成仁”“背水一战”等，都是这种思维定式的体现，很自然地就把事物分成了两类：成功或者失败、朋友或者敌人……

这种思维定式会给人带来不小的麻烦和郁闷。带着这种极端的思想，做事的时候如果做不到十全十美，就会让人觉得没有成功，那么就是一个失败者。这种思想在为人处世上也带来极大的不利，有这种思想的人会简单粗暴地把周围的人分成好人和坏人两个群体，从而失去了中间力量的支持。

下面我们列举一些非常有代表性的“非此即彼”的观点：

- 要么对，要么错。
- 不完美就是失败。
- 不赞成就是反对。
- 幸福就是让所有人都知道我的价值。
- 做不到第一就意味着失败。
- 犯错误就证明不适合做这一行。
- 努力的结果只有两个，一个是成功，一个是失败。
- 如果事情的进展不符合原定的计划，那就是失败了。
- 不是朋友就是敌人。
- 如果一个男人没有男子汉的气概，那就不是男人。

这种非此即彼的思维定式在生活中非常常见，它已经局限了很多人的思维，主要的表现就是有着极强的自尊心、不敢面对失败、不停地告诉自己一定要成功。这些人虽然努力，但神经每时每刻都处在高度紧张的状态，无法体会到生活的乐趣，更不用提什么感受幸福。如果真的遭遇失败，对他们而言，那简直就是世界末日了，诸如郁闷、自卑、焦虑、痛苦等负面情绪会很快充满心头，让一个人的信心彻底崩溃。

实际上“非此即彼”只是一种思维上的概括性描述，通常也都有着一定的道理，所以有着很强的迷惑性。然而，这种思维方式并不是完整的真理，更不是事实的真相，所以用这种方式来作为行事的准则必然不能每一次都得到满意的结果。什么是完整的真理呢？完整的真理是放之四海而皆准的，它的前提是建立在事实基础之上的，而且注重证据的搜集和分析。因此，当我们遇到一个问题时，首先要立足于现实，搜集能够搜集到的一切证据，然后通过这些证据深入分析，评估判断事情将向什么方向发展、能够发展到何种程度、最后将会有什么样的结果，这才是面对问题的正确态度。如果有人提出了非此即彼的提议，我们一定要先在心中考虑一下，他为什么会这样说？他有什么样的证据？他的提议现实吗？

就像第二次世界大战中盟国的领袖罗斯福和轴心国的灵魂人物希特勒，我们能简单地说罗斯福是好人、希特勒是坏人吗？能说罗斯福就是一个完美无缺的圣人、希特勒就是个一无是处的魔头吗？实际上人性是复杂的，也是多变的，不能这样简单粗暴地来划分。“人只有两种，要么是从来不做坏事的好人，要么是从来不做好事的坏人”，在现实生活中，是不可能有这种情况存在的，大多数人都是不好不坏的人。在为人处世上，我们一定要避免“非此即彼”这种思维方式，不要过度概括，不要简单粗暴地分类，更不要进行不恰当地预测。

每个人都有自己的判断，极端的断定只会让人们产生怀疑，进而失去大家的信任，只有根据现实理性的、恰如其分的判断才会赢得大家的信任和赞赏。如果一个人过于自负的话，他就会下意识地通过简化和延伸来让自己的观点更加鲜明，这无疑让他的话更有说服力，但是就本质来说，他的思维已经落入了非此即彼的窠臼。真理的认知是一个漫长的过程，面临着复杂艰难的局面，我们必须要抛弃非此即彼的狭隘思维，承认目前的解决方法还不够完善，对事物的认知还不够全面，这样才能一步步地接近事实的真相，领悟到完善的真理。

诱导性提问，如何击溃“纸老虎”？

TFBOYS 又出了新的“周边”，兰兰买了放在书柜里，结果妈妈搞卫生时发现了。兰兰预感到又会被妈妈数落一番，果不其然，妈妈对她说：“不要一会儿喜欢这个明星，一会儿又喜欢那个明星，前不久不是还追着那个韩国明星，叫李……李钟什么来着？”

兰兰说：“李钟硕！我没有喜欢这个那个，这些我都喜欢。妈妈，您看，王源是不是超级帅，超级可爱！”

妈妈看了一眼墙上的海报，没好气地说：“帅有什么用？你看看你，一天到晚只知道追星、玩电脑。多看点书，看看有什么可以学的，以后找工作，你不也多一项技能吗？”

兰兰有点委屈地说：“我才 20 岁呀。”

妈妈说：“20 岁怎么了？ 20 岁我都生了你了！哪像你现在这样，对未来没有一点儿规划！”

兰兰说：“难道你 20 岁生了我，不是因为你喜欢爸爸？而是因为你规划好了？这么一算，你应该 19 岁就谈恋爱了……妈妈，你老说我早恋，自己还不是这样做的。”

妈妈说：“你现在能跟我那时候比吗？”

兰兰又说：“要比的不是你吗？”

妈妈：“……”

诱导性问题，就是你在提出某个问题时故意加入了诱导性成分，让对方只能按照你的思路来回答问题，从而破坏了理性的探讨气氛。如上事例是一对母女日常的温馨拌嘴，妈妈在一问一答之中就运用了诱导性提问，试图用“20 岁怎么了？ 20 岁我都生了你了！哪像你现在这样，对未来没有一点儿规划！”用这一提问及示例性诱导来说服女儿，让对方按照她的思路思考并回答问题。不过，女儿是个机灵鬼，她非但没有落入妈妈的逻辑陷阱，反而很快发现了她的问题在逻辑上存在的漏洞，转而也同样抛出了诱导性问题“难道你 20 岁生了我，不是因为你喜欢爸爸？而是因为你规划好了？”推翻了妈妈的一番言论。

实际上，诱导性问题在日常交流中很常见，比如，假设有人想要回避某个问题，经常会在措辞上使用一个虚张声势的开头，比如“显而易见”“众所周知”“不可否认”等，对方这么说，就是试图诱导我们跟着他的逻辑走。

面对任何情感语言，我们都必须保持怀疑的态度，以客观事实为标准，才能保持大脑的清醒。如果有人试图告诉我们应该怎么做，应该相信什么，或者人们的普遍想法是什么，其实，他就是在诱导我们，想让我们被他牵着鼻子走。实际上，那些虚张声势的字眼恰好说明对方在尽力回避什么问题。

常常，对方提出某个问题，是为了引诱我们给出他预想的答案，同时，回避另外某些问题。比如，“你不是这么想的吧？”“这种说法不正确吧？”“你不会认为这种方式是合理的吧？”，都是在用诱导性语言一步步引导你说出他预期的那个答案。“这个工作量太大了，不是吗？”“你是爱我的，对吧？”“我花了500块钱买了这支口红，很划算，不是吗？”这些诱导性的问题很容易带着你的思维跑偏。

还有一个例子，一天，A、B两人坐在公园的椅子上。A觉得无聊，就偷瞄B在看的书。但是，整本书只有文字，没有插画。A对B说：“这本书连一张插图也没有，有什么意思呢？”其实，A通过提问题的形式已经在心里回答了这个问题。

在讲究逻辑严谨的法庭上，A这种提问形式是不被允许的，因为类似的问题带有明显的倾向性，早就预设了答案，诱导听话人给出一个既定答案。

比如，一个法庭上经典的诱导性问题是：“你看到这辆车的前灯破了，你当时在哪儿？”这时，另一方的律师肯定会反对：“不能用假定的事实作为证据，我们不确定汽车前灯破了这一假设成立，这个问题是诱导性的。”于是，对方律师要重新提问：“你是否看到汽车前灯破了？”

有人提出完全没有根据的假设，目的是为了诱导对方给出自己想要的答案。生活中，我们要格外留意这类诱导性问题，免得落入他人设下的逻辑陷阱。当然，也可以效仿上述事例中兰兰的做法，用诱导性问题回击。

穿针引线，如何让故事有条理？

在学习和工作中，归纳逻辑无疑是一个好帮手，可以让我们的沟通更加有效率，也可以让我们的工作事半功倍。在日常说话时，我们也要注意说话中的逻辑，多注意一些细节，多归纳总结运用逻辑来提高自己的思维敏锐性，以让自己的判断更准确，以实现说对话的目的。

归纳逻辑最主要的表现形式就是归纳推理。根据考察范围的大小，归纳推理可以分为完全归纳推理和不完全归纳推理两种形式。

完全归纳推理就是根据所有考察对象都拥有的（或者都不拥有）的属性，推断出所有这一类的事物都具有（或者不具有）某种属性。我们可以举一个简单的例子：“男人需要吃饭才能维持自己的生命”，“女人需要吃饭才能维持自己的生命”，“人类可以分为女人男人两个种类”。由此我们就可以得到一个推断，那就是人类需要吃饭才能够维持自己的生命。这就是完全归纳推理，因为它考察的对象是全部的人类，所得出的结论也是全部人类所拥有的共同属性。因为完全归纳推理所得出的推断是绝对判断，所以完全归纳推理也是必然性推理。

与完全归纳推理不同，不完全归纳推理的考察对象只是某种事物的一部分，它得出的结论不一定是正确的，所以不是必然性推理。不完全归纳推理大致上可以分为两类：简单枚举推理和科学归纳推理。

如果我们能够正确恰当地运用归纳推理，就可以逐步地推理出最接近真相的结果，特别是在案件的侦破上，归纳推理更是有着无与伦比的作用，哪怕案件的真相再扑朔迷离，如果有了归纳推理的帮助，也可以让真凶浮出水面，使其得到应有的惩罚。

在美国就曾经发生过这样一个盗窃案，有人偷了佛罗里达的一个珠宝店的首饰，警方通过细致的排查找到了四个嫌疑人。然而这四个人对警方的审讯拒不配合，他们是这样回答警察的问题的。

A 说：“是 C 偷的。我注意到，最近一段时间他送给了他女朋友好几件珠宝首饰，而他的收入并不高，肯定是他偷来的。”

B 说：“不是我偷的。”

C 说：“我也没有。”

D 说：“A 说的是真话。”

警方对这四个家伙无可奈何，只好再次细致地调查。在调查中，警方发现，这四个人只有一个说的是真话，其他三个人说的都是谎话，于是警方找到了真正的盗窃犯。

那么究竟是谁盗窃了珠宝店的首饰呢？我们也可以试着分析一下，首先我们可以整理出五条信息：

第一，A 说“是 C 偷的”。

第二，B 说“不是我”。

第三，C 说“也不是我”。

第四，D 说“同意 A 的说法”。

第五，这四个人只有一个说的是真的，剩下的人说的全部是谎话。

接下来我们进行归纳推理：

首先我们可以肯定不是 C 偷的。因为如果是 C 的话，那么 A、B、D 说的都是真话，第五条就不成立了。

既然不是 C，也就是说第三条成立，C 说的是真话。根据第五条，A、B、D 都在说谎。

有了以上两条结论，那么 B 就是盗窃犯。

由此可见，归纳推理有着多么重要的作用。在沟通中，推理可以让我们头脑更加清晰，让我们谈论起事物来井井有条。对于沟通一些复杂的事情，可以通过穿针引线的推理，来抽丝剥茧地找到事情的真相。

逆向思维，如何反弹琵琶？

人们把逆向思维也叫作“求异思维”。当大家对某种观点或者事物有着共同的看法，甚至已经成为约定俗成的定论的时候，不妨反过来思考一下，看看会得到什么样的结论。也就是说，当我们按照通常的做法解决不了问题，“山重水复疑无路”的时候，不如“反其道而行之”，从问题的反面来寻找解决的办法，或许就会“柳暗花明又一村”。因为和普通思维不同，逆向思维常常会产生令人惊喜的效果。

英国著名的物理学家、化学家迈克尔·法拉第就是逆向思维的高手，他用这种方法成功地发现了电磁感应定律，对后世的生活产生了极大的影响，甚至可以说开辟了一种新的生活方式。

早在 1820 年，丹麦哥本哈根大学的物理系教授奥斯特在一系列的物理实验中，就已经发现了电流有着磁场效应。当这个消息传开后，欧洲的许多物理学家都对此兴趣盎然，纷纷投入到了电磁学的研究中来。法拉第也不例外，他对此同样有着浓厚的兴趣，并且多次做了奥斯特的实验。

在实验中，法拉第果然发现，当电流从导线中通过的时候，放在导线附近的磁针会产生一定的转动。

德国的古典哲学提倡辩证思想，法拉第也深受影响。于是法拉第就想，既然电流能让磁针转动，就说明电流通过导线的时候产生了磁场，那么电和磁一定就有着必然的联系，既然如此，磁场也应该能够产生电流。有了这样的想法，法拉第就开始了实验。从 1821 年起，法拉第做了上万次实验，但是都没有从磁场中得到电流。法拉第没有气馁更没有放弃，他坚信自己的想法是可以实现的，继续用不同的方法来试验。到了 1831 年，法拉第采用了一种新的方法：他把导线密密地缠在一个空心圆筒上，导线的两端接在一只电流表上，然后将一根磁化后的铁棍在圆筒中转动。这时他惊喜地发现，电流表上的指针开始转动，这就说明有电流产生了！随后法拉第又进行了一系列的实验，终于证明随着磁作用力的变化，磁场是能够产生电流的。

从 1821 年到 1831 年，法拉第用了十年的时间，做了大量的实验才发现了电磁感应定律，这个定律就是发明发电机的理论基础。不久后第一台发电机问世了，很快电力就得到了广泛的应用，各种以电能作为动力的机器和电器就走入了人们的生活。

和普通思维相比，逆向思维具有三个突出的特点：普遍性、批判性、新颖性。

我们首先谈一下逆向思维的普遍性。在日常生活和工作中，逆向思维都有应用。对立统一规律是具有普适性的，既然事物有了对立统一的关系，逆向思维也就有了展开的角度。事物有性质上的对立，例如软和硬、高和低等；也有位置上的对立，例如上和下、前和后等，所以逆向思维也就有了多种多样的形式，我们可以立足于其中一个方面，把思维扩散到它的对立面。

其次是逆向思维的批判性。相对来说，正向思维指的是我们所正常采用的或者是习惯性的做法和想法，而逆向思维则是打破了常规和习惯的想法或者做法。因为逆向思维突破了原有的框架，有了更多的观察问题的角度，也就有了更多的解决问题的方法。

第三是逆向思维的新颖性。人们在遇到问题的时候，通常都会参考以往的经验，或者按照约定俗成的惯例来采取解决的方式，所以最后得到的结果往往大同小异。然而事物的属性是多方面的，采取相同的模式能得出相同的经验，也必然无法避免出现同样的错误或者弊端发生。而逆向思维或许就可以完美地解决这个问题，如果采用了截然不同的解决方式，就可能不会产生固有的解决方式所产生的问题。

在我们平时说话或与人沟通时，经常也会用到逆向思维。比如，正话反说就是一种逆向思维。在一些时刻，我们可以通过将一些正话反说的幽默技巧来化解尴尬。对于某些司空见惯的话题，通过逆向思维另辟蹊径地去表达，经常会取得意想不到的效果，也别有一番趣味。

追踪思维，如何追踪隐藏的答案？

如果时光能够倒流，或许我们就会发现，大部分人在童年的时候都有过下面类似的对话：

“妈妈，我是从哪里来的？”

“你是妈妈生的。”

“妈妈，你又是从哪里来的？”

“你的姥姥，妈妈的妈妈生了妈妈。”

“那姥姥又是从哪里来的呢？”

“姥姥是姥姥的妈妈生的。”

似乎每一个孩子都有着无穷的问题，总是对爸爸妈妈给的答案不满意，然后一而再再而三地追问“为什么”。这就是人类追踪思维的体现。

追踪思维也叫作因果思维，抓住某一个问题穷追不舍，一直到得到满意的答案为止。通常来说，每一个事物都有着自己的原因和结果、表象和本质，通过事物的结果可以分析出产生结果的原因，透过事物的表象可以推断出事物的本质。或许某一个线索看起来并不是那么重要，但是实际上却有着举足轻重的决定性作用，只要我们紧紧地抓住这条线索，一步步地深追下去，必然能够找到我们需要的答案。

有一个故事，可以说明追踪思维的重要性，那就是“冰淇淋和蒸汽锁的故事”。有人就要说了，冰淇淋是一种食品，蒸汽锁是一种物理现象，二者风马牛不相及，怎么可能会发生联系呢？然而，福特公司的一名工程师就是用追踪思维，把这两个毫无关联的事物联系到了一起，从而改进了汽车的设计，使福特的汽车销售量更上一层楼。

有一年的夏天，美国福特汽车公司的客服经理收到了一封奇怪的投诉信，客户在信中抱怨说：“我们家有一个习惯，就是每天的晚饭之后都要吃一点冰淇淋，这个习惯已经保持几十年了。然而在我购买了贵公司的一辆汽车后，发生了一件非常奇怪的事情：在我买冰淇淋时，如果我买的是香草味道的冰淇淋，那么汽车就无法立刻发动；如果是其他味道的，汽车就可以正常启动。这是为什么呢？难道是贵公司的汽车不喜欢香草味道的冰淇淋吗？”客服经理对此也感到很奇怪，于是马上安排了一位工程师去了解详细情况，帮助客户解决这个问题。

工程师来到客户家后，对客户的汽车详细地检查了一遍，根本没有发现任何问题，于是就和客户一起去买冰淇淋，看看究竟是怎么回事。当买了香草味道的冰淇淋回到车里时，汽车果然无法立刻启动，等了一会儿后才发动起来。工程师百思不得其解，就和客户约定多观察几天。

第二天买的是咖啡味道的冰淇淋，汽车顺利发动了；第三天买的是蓝莓味道的，也可以立刻发动；到了第四天，他们又买了香草味道的，结果汽车又无法立刻发动了。既然客户反映的情况是真实的，而且工程师也无法解决，福特公司也就只好为客户办理退车。

然而去调查情况的工程师却没有就此放弃。工程师知道，汽车是没有生命情感的，当然不可能会讨厌香草味道的冰淇淋而故意不启动，那么为什么会发生这样的事情呢？于是他就继续调查，力求找出汽车无法立刻发动的原因。在实地调查中，工程师发现，客户购买冰淇淋的商店里，最受大家喜爱的冰淇淋就是香草味道的，销售量最大。为了方便进货和客户的购买，老板就把放香草味道冰淇淋的冰柜摆到了最靠近大门的地方。这也就意味着，如果客户购买香草味道的冰淇淋，就会比购买其他口味的冰淇淋花费的时间要少。于是工程师就得出了结论：汽车并不是讨厌香草味道的冰淇淋而不肯立刻启动，而是熄火之后间隔的时间短而无法立刻启动。

这个问题找到了答案，然而新的问题又出现了：为什么汽车熄火后要间隔一定的时间后才能发动呢？于是工程师对发动机的工作过程一一排查，最后发现，发动机中的部分燃油在过热的情况下会发生气化而无法点火，必须经过一定时间的冷却后才能重新液化，这种现象就叫作“蒸汽锁”。找到问题后，福特公司对发动机进行了改进，彻底解决了蒸汽锁的问题。

冰淇淋和蒸汽锁当然是没有任何联系的，但是福特公司的这个工程师有着追踪思维，最终通过冰淇淋发现了蒸汽锁的问题，这也说明了追踪思维在生活和工作中的重要性。

由此看来，我们最好培养出多问几个“为什么”的习惯，要善于从事物的表象发现其内在的本质。在沟通中，我们要善于从一些细节来探寻事情的本质，要多思考，多观察，才能不被一些虚浮的语言所迷惑，才能利用沟通解决生活中的问题。不管是沟通，还是工作，如果我们时刻保持追踪思维，成功的道路上则如虎添翼。

侧向思维，真的条条大路通罗马?

有一个盲人摸象的故事，说的是几个盲人不知道大象是什么样子，于是就想着摸一下大象来确定大象的样子。有个盲人摸到了大象的耳朵，就认为大象像一把扇子；有人摸到大象的腿，就认为大象像一根柱子；有人摸到了大象的身体，就认为大象像一堵墙。他们的结论当然都是不对的。这个故事告诉了我们这样一个道理：当你从不同的角度来观察问题的时候，就会得到不同的结论或结果。不仅如此，即使是从同一个角度来观察同一个事物，如果观察者的思维方式不同，也会得到不同的结论或结果。正因为如此，有些头脑灵活的人在处理问题时，能够想到常人想不到或者不敢想的处理方式，从而取得良好的效果。

在风景如画的雁荡山，有一个名为朝阳山庄的酒店，大门的牌匾上雕刻着四个遒劲有力的大字——朝阳山庄，如果你足够细心的话，就会发现下面的落款竟然是某位国家领导人。看到这个牌匾的人无不羡慕嫉妒这个酒店的老板，竟然有如此大的面子，能够让这位领导人给酒店题字。

然而事实却不是人们想象的这样。这个事情还要从几年前说起，当时这位领导人来雁荡山开会，而会议就是在朝阳山庄召开的。这位领导人来到酒店后，就在会议签到簿上写下了自己的名字，并且在下面留下了几个字，“某年某月某日于朝阳山庄”。酒店的老板非常精明，看到之后如获至宝，马上就把这个签到簿珍藏了起来，并且把“朝阳山庄”四个字放大作为匾上的题字，又把领导人的名字缩小到和年月日相同大小，作为牌匾下面的落款。有了这番“神操作”，酒店名气大振，后来自然财源滚滚。

如果这个老板没有这番操作，那么领导人的签名也就仅仅是一个签名罢了，或许可以作为一个炫耀的资本，但是绝对不会有这么好的效果。可是这个老板有着侧向思维，别出心裁地把领导人的签名做成了题字，自然也就有了更好的效果。由此可见，如果我们换个角度，就可能找到一个更好的处理问题的方法，或者说，原来无法解决的问题，换个角度就能够解决了。

在生活中，我们也可以看到，许多非常聪明的人在处理问题的时候总是左思右想反复掂量，当然，这些人绝对不是没有处理问题的能力，那么他们为什么还要这样犹豫不决呢？他们正是在运用侧向思维，分别从不同的角度来考虑问题，在不同的处理方式中比较哪一个能取得最好的效果，引发的不利影响最小。

侧向思维有两种最常见的方法，一种是从侧向确定目标，一种是从侧向进行推理。

在直升机刚发明的时候，因为螺旋桨是在一个平面内进行旋转的，在赋予机体升力的同时，也会带着机体同向旋转，也就是反扭矩，如果无法解决这个问题，直升机就没有实用性。按照以往的经验，工程师们又安装了一个反方向运行的螺旋桨，然而这个方法没有一点作用。随后人们又采取了许多措施，但是都以失败告终。后来，有个叫西科斯基的飞机设计师灵机一动，在直升机的尾部安装了一个小型的螺旋桨，这样就给了机体一个反作用力，于是反扭矩的问题就解决了，而且在重量、复杂度、功率折损等方面的影响也不大。

这个问题的解决就是运用侧向确定目标的案例。有些时候，表面上看问题在这里，但是解决问题的方法却在好像风马牛不相及的另一个地方，如果没有侧向思维的能力，想要解决这个问题就难如登天了。

有这样一个有趣的故事。在 20 世纪美国总统里根任职期间，他决定恢复生产新式的 B-1 轰炸机。这一举措，让很多人反对。在记者招待会上，记者们“狂轰滥炸”式的询问让里根总统招架不住，他故意装起了糊涂：“我不知道 B-1 是个什么东西啊，我只知道 B1 是人体不可缺少的维生素，我只是想着我们的武装部队也一定不能缺少这种东西。”话音刚落，会场上哄堂大笑，气氛一下子就缓和了。

聪明的里根总统当然知道 B-1 轰炸机是什么，但在当时的情况下，他只有避开锋芒，运用侧向思维，故意装糊涂。这一反应，引人发笑之余不但表达了他的观点，也帮他成功地躲开了记者的责难。他很含蓄地表明，B-1 轰炸机就是武装部队不可缺少的“维生素”，所以他才下令恢复生产它。

如果我们在与人沟通时，也遇到类似问题，可以试着换个角度，侧向思维，装个糊涂。糊涂装明白了，不仅幽默好笑，还能为你省去许多麻烦。不过，在沟通中，运用这种思维时，要拿捏好分寸，要恰到好处。毕竟，不管我们用何种方式沟通，运用什么技巧，追求的是令人舒服，追求的是一种智慧，而不是粗俗下流，更不是装傻充愣让人觉得不诚恳，那样只会适得其反。

假设思维，如何奠定论证的基础？

在工作和生活中，我们经常会遇到棘手的难题和错综复杂的局面，处理起来劳心劳力，让人焦头烂额，这时候禁不住会哀叹，有没有办法把复杂的问题简单化呢？办法当然是有的，假设思维就是其中的一种。

所谓假设思维，就是先确定一个或者多个方案，然后一个一个地进行论证，接着采用其中最优方案解决问题的思维过程。假设思维也是最常见、最基本的思维方式，有了假设思维就可以化繁为简，用最简单的方式解决最复杂的问题。假设思维说起来好像很简单，不就是预先准备好几个方案，然后再选取一个最好的吗？其实并非如此，最关键的是你的预备方案中有没有那个最简单的方法。凡是能够用最简单的方法解决复杂问题的人都是智者，唐朝时期吐蕃的首相禄东赞就是这样一位智者。

唐太宗李世民登基之后励精图治，大唐的国力蒸蒸日上，吐蕃派出以首相禄东赞为首的使团到大唐请求和亲。

和亲是唐朝的一项重要政策，然而想娶走公主也不是这么简单的。就在禄东赞来到大唐首都长安（现在的西安市）的同时，还有另外三个小国家的使者也来了，同样是要求和亲的，而且指名要求将文成公主嫁给他们的君王。这下唐太宗有点为难了，只有这一个文成公主，不管是嫁给哪个君王都会得罪另外三个，本来应该是好事，如果因为和亲引起纠纷就不好了。这时有大臣给他出了个主意：给他们出三道题，哪个使者能够解答就让公主嫁给他的君王，而无法娶到公主的国君，也不会对大唐心生怨恨了。

第一道题是“丝线穿珠”。皇宫中的宦官拿出一根柔软的丝线和一颗明珠。明珠的两端各有一个小孔，内部有曲曲弯弯的通道，所以叫“九曲明珠”。因为丝线是软的，另外三个使者用尽一切办法，都无法将丝线穿出珠子的另一个小孔。禄东赞一直没有动，等到那三个使者认输后，他不慌不忙地来到花园里，在地上抓了一只蚂蚁又回到了大殿上。他又向宦官要了一点蜂蜜涂到了一个小孔边上，然后将丝线小心地栓到蚂蚁的腰上，接着又把蚂蚁放进了另外一个小孔。在蜂蜜气味的引诱下，蚂蚁很快就爬到了另一个小孔外面，丝线也被蚂蚁带着穿过了明珠。禄东赞轻松地解决了第一个问题。

第二道题是“儿马寻母”。两个围栏内分别有 100 匹母马和 100 匹小马，要求使者分辨出每一匹母马的孩子是哪一匹小马。禄东赞仍然没有立刻下场，继续冷眼旁观。另外三个使者先是打开了两个围栏把所有的马都放了出来，希望小马能自己回到母马的身边。可是当所有的马出来的时候，母马只顾着埋头吃草，小马也四处撒欢，根本就不到自己母亲身边去。这下三个使者傻眼了，于是又用了辨毛色、看牙口、量身高等方法，但是仍然无法完全辨别出究竟哪匹小马是哪匹母马生的。当他们都认输后，禄东赞再次不慌不忙地走上前来，告诉负责养马的宦官，把所有的小马都关进围栏，一天内不准喂食。到了第二天，禄东赞吩咐宦官打开围栏，小马们又饿又渴，马上跑到自己的母亲身边吃起奶来。就这样，禄东赞又取得了第二局的胜利。

第三道题是“辨木根梢”，有 100 根木头，长短粗细都一样，要求使者说出每一根木头哪一端是根部，哪一端是树梢。当其他使者束手无策低头认输后，禄东赞让宦官把所有的木头扔进了水里，这下子所有的木头都是一端沉进水里的多，一端沉进水里的少。于是禄东赞告诉大家，沉进水里多的是根，另一端就是梢了。

禄东赞利用自己的聪明才智解答了三道难题，自然也就获得了和亲的权利，大家都心服口服。

在这个故事里，禄东赞运用的就是假设思维。首先可以肯定的是，这三道难题都可以解答，大唐作为一个大国，不可能在这个方面欺骗使者。在第一道中，明珠的内部曲曲弯弯，仅仅依靠人力是无法穿过去的，除非丝线长了眼睛自己穿过去。于是禄东赞就假设丝线长了眼睛，但是还缺少动力，丝线自己是不会动的，必须有什么东西牵引着它才能够穿过去，而且这个东西还不能大，因为明珠的小孔很小。很快禄东赞就想到了蚂蚁，为了防止蚂蚁进去后不出来，他还利用蚂蚁喜欢甜食的天性在另一端涂了一点蜂蜜。

到了第二道题时，禄东赞知道光凭人的肉眼是无法分辨出母子的，于是就假设小马会像孩子一样自己寻找自己的母亲。那么在什么样的情况下小马才会寻找自己的母亲呢？肯定是饿了的时候，因为喝奶是所有动物幼时的天性。这样第二道题也轻松解决了。

第三道题时，禄东赞先假设木头会显示出根部和梢部。他知道，树木的根部通常都比梢部重，不过这种差别很小，仅凭人的感觉是无法区分的，必须寻找另外的方法。他又想到木头能在水上漂浮，于是就把木头扔进水里，果然区分开了根部和梢部。

正是有了假设思维，禄东赞才能一步步地推理下去，最终解答了三道难题，为自己的君王赢得了和亲的机会，也为日后吐蕃和大唐的友好关系奠定了基础。

我们经常会在一些辩论中或者商务谈判时，运用假设思维的思路。比如，一方为了驳倒另一方的论点，先假设它是正确的，然后以此为依据，用语言或者行为合乎逻辑地推出一个明显错误的结论，让对方清楚自己的错误所在。

不过，一般在运用假设思维时，不能毫无根据，漫无目的。一般需要两个步骤：

首先是对资料的搜集和整理。针对需要解决的问题，尽最大的努力搜集所有能够搜集到的资料，然后把这些资料和自己的知识、经验结合起来，假设出若干解决问题的方法；

其次，是对各种方法进行论证。论证者必须有着渊博的学识，注意对生活中各种细节的观察。论证也必须要有科学的方法。论证不仅可以选择出最合适的方法，也可以让原先假设的方法更加完善，更具有可行性。

发散思维，如何抓住事物的另一面?

同样是画一个大圆圈，老师问这是什么，如果是在大学的课堂上，学生们大都会回答“这是一个大圆圈”；如果是在幼儿园里，孩子们的回答就五花八门了，有的说是太阳、有的说是月亮、有的说是皮球、有的说是苹果……大学生们的答案当然是正确的，然而就发散思维来说，成年人不如孩子。

发散思维也叫作多向思维、扩散思维，是指大脑在思维时呈现的一种扩散状态的思维模式，它表现为思维视野广阔，思维呈现出多维发散状。简单点说，就是让我们充分发挥自己的想象力，从不同的角度、用不同的方法对同一个问题提出多个解决方案。像我们平常所说的“一物多用”“一题多解”等，都是典型的发散思维的表现。发散思维在生活中是非常有用的一种思维方式。

在一场演讲比赛中，有一名参赛选手刚刚登台，可能是因为紧张，被台上的电线绊了一下，刚上台就打了个踉跄，差点摔倒。一时之间，底下哄笑起来。然而，这个时候，这位选手反而没有那么紧张了，他镇定了一下，从容不迫地说：“谢谢大家！谢谢大家！大家太热情了，我为之倾倒。”话一说完，台下就传来了热烈的掌声，久久不息。这名选手在这种紧张的时候，巧妙运用发散思维，从不同的角度来解释“倾倒”一词，不但化尴尬为轻松，也赢得了观众的好感。

有一次，主持人吴宗宪在自己主持的一档综艺节目中，他问其中一位嘉宾：“对于你自己的身体，你最喜欢哪个部位？”

嘉宾答：“眼睛。”

吴宗宪问：“为什么是眼睛呢？”

嘉宾答：“因为我的眼睛圆呀。”

吴宗宪接过话茬：“啊，你的意思是说，你曾经见过方的眼睛？”

本来嘉宾的回答并不有趣，也缺乏创意。吴宗宪巧妙地抓住了“圆”这个字眼，换了一个角度，进行发散性思维，从形状方面做文章，巧用“方”字来逗得观众开怀。

在运用发散式思维时，我们有时需要歪曲语意，就是不按照常理或对方的本意来解释或理解某个词语的意思，而从另外的或者相反的角度来赋予这个词新的意义。新旧词义或语义之间的差距越大，产生的效果就会越好。在人际交往中如果能巧妙利用这种技巧，可以增加趣味，缩短与他人之间的心理距离。

发散思维通常有以下三个特征：

第一，流畅性。所谓流畅性指的是发散思维的速度和数量特征，也就是要在尽可能短的时间内产生尽可能多的想法，还要能够尽快地理解并掌握新的思想和观念。一般来说，智商越高的人，发散思维就越流畅。

第二，变通性。人们通常都有自己做事的思路，从一定程度来说这种思路也是一种僵化的思维方式。而发散思维就是让人们跳出这种固有的框架，从新的角度来思考解决方式。想要让发散思维具有更好的变通性，就要熟练掌握横向类比、跨域转化、触类旁通的能力，让思维以不同的方式向不同的方向发散出去。

第三，独特性。每个人经历不同、智力不同，加上各自观察问题的角度也不同，使得每个人的发散思维都有着自己独有的特点。特别是那些智力超群、经历丰富的人，有时候他们利用发散思维所想出来的主意会让所有人大吃一惊，感叹“这件事竟然还可以这样做！”其实这也是发散思维追求的最高目标。

能够熟练掌握并运用发散思维的人都是生活中的强者，他们能够跳出旧的思维方式，另辟蹊径寻找到新的方法，最终开辟一方新的天地。作为一个普通人，我们或许无法获得太高的成就，但是如果能够熟练运用发散思维，仍然会让我们的工作和生活更上一层楼。

因果推理，究竟何为因，何为果?

我们总说有因才有果，然而，因果关系不等同于因果逻辑，就是说有些事情虽然在逻辑上成立，但这不代表二者之间就一定有因果关系。

例如，一条狗在马路上卧着，你开车经过那条马路的时候不小心把它给轧死了。就这个事实，我们是否可以这样说“因为那条狗卧在马路上，所以我开车轧死了它”？显然是不行的，因为“狗卧在马路上”和“你开车轧死狗”并没有因果关系，所以这个说法是不成立的。理由就是：狗一直卧在那里，马路上也一直车来车往，为什么别人没有把狗轧死，而只有你把狗压死了呢？可见“狗卧在马路上”并不是“你开车轧死狗”的原因。

不过话又说回来，虽然二者没有因果关系，但是在因果逻辑上是成立的。如果我们说“因为狗是卧在马路上的，所以我开车经过那条马路的时候把它给轧死了”，这样就成立了。为什么呢？因为如果狗不是卧在马路上，那么你在马路上不管怎么开车都不会轧死它，这是符合因果逻辑的。

所以我们在用因果逻辑来分析问题的时候，一定要分辨出二者有没有因果关系，如果没有因果关系，那么用因果逻辑推理出来的结论就是错误的。

在现实生活中，有时候因果关系中的“果”，却成了因果逻辑中的“因”，我们必须分清楚什么是“因”，什么是“果”。举一个例子：有一天，我生病去医院看病，在医生那里碰到小明也在看病，看来他也生病了。在这个例子中，得出小明“生病”这个结果的原因是小明在“看病”，在逻辑推理上是正确的，而在因果关系中，是因为“生病”了才会去“看病”，不可能因为“看病”而“生病”，这就是把“因”和“果”弄反了。所以，我们在分析有关因果关系的线索时，一定要分清是通过因果关系得出的，还是逻辑推理得出的。

因果逻辑是分析问题、解决问题的常用手段，运用时要注意下面两点：

第一，要把二者的因果关系作为中心，详尽地分析原因，理智地推理结果。

第二，提出解决问题的方法必须符合对原因的分析。

假言命题，阑尾早就切了，怎么会得阑尾炎？

最近十几年，“穿越”题材的小说和故事非常盛行，有的还被拍成了电影或者电视剧，基本的套路都是一个现代人回到了过去的某个时间段，通过自己的努力改变了历史。穿越也是时空旅行的一种，作者们为了让主角回到过去，设计了各种玄幻或者科幻的情节，但是不管哪一种，实际上都是属于假言命题。

假言命题也叫作条件命题，是复合命题的一种，最显著的特征就是“如果……则……”，用来表述某个事物是另一个事物的前提，或者说某个情况是另外一个情况的前提。在假言命题中，前一个支命题称为“前件”，是后一个支命题能够产生的“条件”；后一个支命题称为“后件”，是前一个支命题实现后发生的“结果”，且必须依赖于前件的实现。就像上面说的“一个现代人穿越到了过去，改变了历史”这个命题，前件就是“现代人穿越到了过去”，后件就是“改变了历史”。这个命题也是典型的假言命题，因为要首先假设一个条件（现代人穿越到了过去），其次又根据这个假设的条件进行推导，从而得到另外一种情况（这个人改变了历史）。

在我们日常的生活中，很多情况下都会接触并使用假言命题。就像我们熟悉的“守株待兔”和“拔苗助长”这两个故事，就是运用的假言命题。

在守株待兔这个故事中，农夫之所以认为可以再次捡到兔子，前件就是他认为的这样几个情况：第一，等在树下就会有兔子跑过来；第二，兔子来了就会自己撞到树干上；第三，兔子会把自己撞晕。显然这些情况是不可能经常发生的，所以前件也就不成立；而后件是依赖于前件的，如果前件无法实现，后件自然也就不可能发生。实际上，兔子撞到树上把自己撞晕了是一种意外，假定它经常发生是不符合客观规律的。如果把偶然现象当成了客观规律，自然也就成为后人的笑柄了。

拔苗助长也是同样的道理。在这个故事中，农夫认为如果把禾苗拔高，就会让它们生长得更快。当然，我们知道他的想法是错误的，因为不符合客观规律，所以农夫的假设并不成立，也就成了另外一个笑话。

还有这样一个幽默故事。

一个患者去医院看病，他捂着肚子对主治医师说：“医生，我的肚子从昨天晚上开始痛，痛得快不行啦。”

主治医师看都没看，凭经验迅速做出了诊断："你一定是得了阑尾炎。我先给你开点药消炎。如果还止不了痛的话，就赶紧来医院做个手术。"

患者已经痛得满头大汗，但还是很诧异地说："这不可能！我不可能是阑尾炎。"

主治医师不高兴了，拉着脸说："错不了。我有十多年经验了，不会看走眼！"

患者挠挠头，不可思议地说："可是，我的阑尾前年就已经手术切除了呀！我肚子里已经没有阑尾了，怎么可能得阑尾炎呢？"

主治医师顿时满脸通红，哑口无言。

这个患者用的就是假言推理。这个患者的推理结论当然是正确的。只有阑尾还没被切除，才有可能患上阑尾炎；而自己的阑尾已经早被切除，所以就没有患上阑尾炎的可能。这种推理方式属于"否定前件就能否定后件"的情况。

在这个推理中，联结项是"只有……才"。前件是"阑尾没被切除"，后件才能是"患上阑尾炎"，前件是后件的必要条件。由于前件无法成立，所以对后件的否定便能成立。因此，主治医师的确做出了错误的诊断。

在日常生活或工作中，遇到一些争执时，容易出现假言命题的情况。在提出假言命题时，一定要注意前件与后件之间的逻辑关系，这样反驳对方观点，才能套用推理规则指出其在逻辑上的谬误。

偷换概念，诡辩者如何混淆视听?

在进行逻辑推理的时候，我们必须经常使用到各种概念，这些概念是描述逻辑推理中“已知前提”的必要条件，如果没有“已知前提”，那么就无法推理下去。由此可见逻辑推理是以确定的概念作为基础的。

偷换概念又是什么意思呢?概念又怎么会被偷偷换掉呢?有些概念听起来相似，但是却有不同的内涵和外延，即使二者的差别很小，仍然是两个性质完全不同的概念。当我们在描述一个概念时，故意用和这个概念听起来差不多的另一个概念来代替，这就属于偷换概念，如果对方没有注意到二者的区别，就会落入我们的逻辑陷阱中。

偷换概念是辩论中经常使用的一种手段。

在所有的文件里，法律条文是最注意精确用词的，以力求对各种违法犯罪行为都有精准的定性，如果不这样做的话，执法者就无法根据法律确定嫌疑人的罪行并作出适当的判决，而嫌疑人的律师也会抓住法律中的漏洞，进行偷换概念、混淆概念等，使犯罪者逃脱法律的惩罚。

法律条文精准的用词也是审讯的好帮手，可以让嫌疑人难以对自己犯下的罪行进行狡辩。下面就举一个例子。

有一年，美国的警察组织了一次缉毒行动，抓捕了很多嫌疑人，其中有一个叫汤姆的年轻人。根据警方线人所提供的消息，得知汤姆是当地一个有名的贩毒者，而且在贩毒集团中有着举足轻重的地位，如果能从他这里打开突破口，就有可能把这个贩毒集团一网打尽。然而在抓捕的现场，汤姆只是随身带着一些大麻和一把手枪，并没有交易的举动，警方只能用“私藏大麻”和“非法携带枪支”的罪名进行指控。不过这两种罪名在美国都不是大罪，美国警方每年抓到随身携带大麻和非法携带枪支的人不计其数，但是大部分只是瘾君子而不是罪犯，汤姆很难得到严厉的惩罚，而且在审讯的时候汤姆一直在偷换概念避重就轻，使得审讯的警察非常头疼。上级在知道了这些情况后，派出了审讯经验丰富的大卫警官。

大卫警官在充分了解案情后，开始审问汤姆。他问道：“汤姆，在今年的 8 月 3 日，你所在的贩毒集团和墨西哥的毒贩进行了交易，当时你也在场，并且打伤了一名前来缉捕的警察。你不会否认吧？”

请注意，大卫警官的这段话说的很有技巧，并且隐藏了几个陷阱：毒贩、正在交易、袭警。大卫一张嘴就给汤姆定性了，他不是瘾君子而是贩毒集团的一员，而且被抓了现行，还袭警了，这些罪名都是非常严重的，如果汤姆没有注意到而顺着大卫的话说下去，就会给警官下一步的审讯带来极大的方便。然而实际上大卫并没有充足的证据证明这些都是汤姆做的，完全用的是偷换概念和混淆概念的手法。

汤姆也不是吃素的，一眼就看穿了大卫警官的心思，立刻避重就轻地辩解道：“警官，我身上确实带着一些大麻，但是你也不能因为这个就诬陷我是毒贩吧？”

大卫一计不成又施一计，接着问：“当时你身上带了多少大麻？从哪里来的？打算干什么？”这三个问题步步深入，数量、来源、目的都问到了，汤姆只要稍不小心就会进入大卫的圈套。

汤姆仍然避重就轻，装出无辜的样子说：“我是一名音乐爱好者，工作之余经常会进行一些音乐创作。你知道，创作是需要灵感的，可是灵感这玩意可不是取之不尽用之不竭的。所以，每当我灵感枯竭的时候，就需要用一点大麻来重新获得灵感了。”

大卫见汤姆一直绕来绕去，就单刀直入直指要害，追问：“好吧，就算你说的理由是正当的。不过你仍然要告诉我，你是从哪里得到这些大麻的？”

汤姆知道，这其实就是在问他们的交易渠道，他哪里会说出来？马上随口说道："对不起警官，我想不起来究竟是在什么地方买的了。那地方我也是第一次去，而且到那里去的都是曲里拐弯的小路，我实在想不起来了。我只是第一次买大麻的初犯，请您从轻发落吧。"

到了这个时候，汤姆终于犯下了错误，露出了一个破绽。他前面说"每当灵感枯竭"，言下之意就是经常吸大麻，既然经常吸也就会经常买；而这里说自己是"初犯"，也就是第一次去买，这就矛盾了。

大卫立刻抓住了这个破绽，厉声说道："你这是狡辩！刚才你还说经常吸大麻来获得灵感，现在又说是第一次买，究竟哪个是真的？你以为我就这么好糊弄过去吗？说吧，8 月 3 日那天，你所在的贩毒集团是不是和墨西哥的毒贩进行了海洛因交易？你那天是不是打伤了一名缉毒警察？"

汤姆仍然在狡辩，说道："对不起警官，我刚才说错了，但是我确实是第一次买大麻，也没有进行过任何毒品交易，更没有打伤过警察。"

不过大卫警官是不会放过汤姆的这个破绽的，死死抓住这一点反复地提问。谎言毕竟是谎言，汤姆无法自圆其说，漏出的马脚越来越多，最终只好交代了毒品的交易地点和交易暗号，最后警方终于破获了这个贩毒集团。

这确实是一种有效的手段，不过在日常沟通中，偷换概念，转移话题时，一定要巧妙。把概念偷换得漂亮利落，又不露痕迹并不容易。假如你只是生硬地偷换概念，结果往往适得其反。

那么，该如何巧妙地偷换概念呢？

1. 勇敢做出反问

美国有一个学生在校期间学习成绩非常优秀。毕业后，他因兴趣跑到CIA（美国中央情报局）来应聘，探长按照惯例对这名学生进行面试。这名学生虽然不是专业人士，但表现得出人意料的好，探长本来认为录取他的概率很低，但是发现几乎所有专业性的问题都难不倒他。探长一时兴起，就很随性地想了一道题目："你看起来学习很好哦，想必一定熟悉你的书本，那你跟我说说美学史课本上第108页讲的是什么内容吧。"

这名学生当场傻眼，不过很快镇定地说："我想探长应该会天天写自己的名字吧？那么你能立刻告诉我你的名字一共有多少笔吗？"

探长为这名学生的反应拍手称赞，录取了他。

这名学生通过同样的方式反问探长，转移话题，不但避免了无法答出问题的尴尬，还显示了自己的勇敢和机智，令人欣赏。

2. 巧妙地做假设

有一段时间，娱乐圈里盛传一些大牌女星陪富豪吃一顿饭的价码。很多当红大明星的名字和价位都罗列了出来，看起来煞有介事。一次，一名风头正盛的女明星，遭遇了一场记者的采访：“请问，这些传闻是真的吗？”该女星不紧不慢，嫣然一笑：“如果我陪人家吃一顿饭就可以得到这么多钱的话，那我一定会把这些钱都捐给慈善机构。”

她没有承认传闻，也没有否认，而是通过一个假设来转移了话题，瞬间把记者的注意力转移到她善良慷慨的性格上，也就没有再追问传闻的事情了。

省略推理，我以为你知道

在和人交流的时候，我们有时会有这样的感觉：对方好像并没有理解我的意思，做出来的事情也不是我想的那样。为什么会这样呢？这就是“沟通漏斗”造成的，这个理论是说，信息在传递的过程中会不断衰减。打个比方，假如某人想要给另外一个人描述一段复杂的信息，我们把这段信息的数值定为 100，那么当他说出来的时候，信息的内容就只有 80 了，而接收信息的人或许因为不够用心等原因，听到的只有 60。而且“听到了”不代表就是“理解了”，因为每个人的教育背景、知识结构、文化水平、思维方式等都不一样，这样接收信息的人能够真正理解和消化的可能只是 40。但是事情到这里还没有结束，当接收信息的人试图将他理解的信息反馈出去时，上述的情况就又出现了，他所反馈出来的信息又是他想要表达的 80%。也就是说，第一个接收信息的人能够反馈出来的内容只有某人想要表达的内容的 32%！

之所以会造成这种沟通障碍，很重要的一个原因是我们在交流的时候，潜意识里认为对方是知道并且理解我们的意思的。然而事实并不是这样，说话的人和听话的人可能根本用的就不是同一个思维逻辑。如果你描述某个事物的时候用的是 A 逻辑，而听你说话的人觉得你用的是 B 逻辑，或者他用 B 逻辑来理解你所说的话，这样肯定会发生沟通障碍。如果我们想要避免沟通漏斗的发生，就要加强我们说话的逻辑性，不要想当然地认为对方能够理解，而忽略某些不应该忽略的必须得作为前提的话。

我们都知道，推理是建立在知晓前提这个基础上的，只有知晓了足够的前提，才能一步步地推出结论。如果我们以为对方知道其中的某个前提而没有说，但实际上对方却不知道的话，就会出现推理错误，得出一个不是我们心中认为的那个结论。

省略推理在生活中是很常见的，我们在说话和思考的时候经常会出现这种情况。有这样一个小故事，有个北方人到南方访友，感觉朋友家里有点冷，就问朋友："你家里暖气没有开吗？"朋友说："开了呀，你看，那不是吗！"北方人一看笑了，说："原来是个电暖气呀，我还以为是我们北方的集中供暖呢！"

这就是个省略推理的典型。北方到了冬天是要集中供暖的，但是南方的大部分地区是不供暖的，如果感觉冷了就会买个电暖气。这个北方人一直生活在北方，想当然地认为南方的冬天也会供暖，所以在问朋友家有没有开暖气的时候省略了“集中供暖”这个具体的前提，而他的朋友则认为他说的就是南方经常使用的“电暖气”。

不知道大家注意到没有，我所举的这个例子其实也是一个省略推理。在这个例子中，我默认了“北方所有的地区都是集中供暖”“所有的北方人都认为南方也用集中供暖”“所有的南方人都不知道北方用的是集中供暖”这些已知前提都是大家知道的常识。然而事实却并不是这样的，只要其中任何一个前提不成立，那就成了笑话了。

就像我们前面说的，不管推理如何严密、如何符合逻辑，只要前提条件是错误的，得出的结论就不可能正确，必然是有悖于事实的。而省略逻辑最大的缺陷就是，不知道对方是否知道自己所省略的前提，只管自说自话，从而造成南辕北辙的局面。

代入思维，这样沟通更顺畅

沟通可以说是职场上最需要的技能之一了，然而很多人总是很难把话说明白。很大程度上是因为没有站在别人的立场去思考。

所谓代入思维，就是说话的人认为对方对自己要谈的事情有着同样的了解程度，所以在谈话的时候不知不觉地就省略了某些要素，结果他自认为说得非常清楚了，可是对方却是一头雾水，根本就不知道他说的是什么意思。

举个例子，巴恩是美国政府的一位中级官员，工作非常繁忙，所以那些琐碎的小事都是由他的助手来做。后来，跟随巴恩多年的助手因为个人原因辞职了，巴恩只好找了一个新助手。这个新助手虽然精明强干做事利索，然而巴恩却总觉得他理解能力不够，做的事情也不尽如人意。巴恩认为，自己还是以前的工作方式，原来的助手能够充分了解自己的意图，而这个新人却不能做到这一点，显然就不是自己的问题了。

这一天上午，巴恩一上班就把助手喊了过来，问道：“我前天让你准备的资料呢？马上就要开会了，现在去给我拿来。”助手一听就傻了，说：“难道您现在就要用吗？可是我还没有准备好呢！”

巴恩火了，说：“你是怎么做事的？前天我不是交代得清清楚楚的吗？”

助手委屈地说道：“您当时说的是‘后天必须交给我’，所以我认为今天下班之前整理完就可以了。如果您是一上班就要的话，应该说‘明天必须给我’或者‘后天上班之前必须给我’呀！”

巴恩更生气了，说：“难道你不知道这个会议都在上午开的吗？”

助手更委屈了，抽抽搭搭地哭着说：“我哪里知道呀？我又不是您，而且您从来都没有和我说过。”

看了这个故事，你知道问题出在哪里了吧？显然，责任应该是巴恩的，因为他在安排工作的时候没有把时间的要求说清楚，他认为助手知道会议是在上午开的，所以就没有刻意说“资料必须在上午会议之前整理好”。但是事实上助手是不知道的，这就造成了双方在理解上有了分歧，阴差阳错地形成了这个局面。

事实上，发生代入思维最多的就是在上下级之间，这是因为地位不同造成的。通常来说，上级所了解的情况都要比下级多，如果上级交代任务的时候高高在上，必然就会有误会发生。所以做领导的人最好学会放下身段，把自己放到和下级一样的地位上，换位思考一下对方的难处，说出的话要尽可能的详细，这样才能避免代入思维的影响。

换位思考其实很简单，就是站在对方的角度去思考问题，看看会有什么样的体会。换位思考会让自己了解对方为什么会产生与自己不一致的想法，可以让双方的沟通更加顺畅，避免在交流中产生不必要的误会。

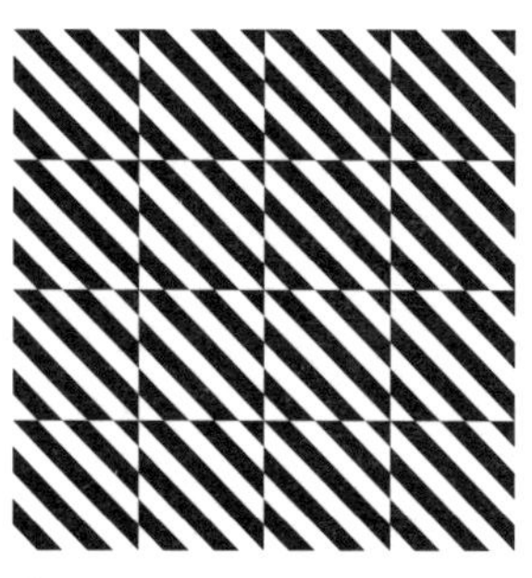

Chapter 2

逻辑说服术

用逻辑改变思维

因为不完美，这个论证就不成立吗?

工作中遇到了一个难题，当大家都束手无策的时候，你提出了一个不是那么完美的解决方案，然而有个同事却因为这个提议不够完美而提出反对意见。这时候你会怎么想? 我想大部分人都会愤愤不平：即使是一个不好的办法，也总比没有办法要好得多吧? 这个同事的反对当然是错误的，除非他能够提出更好的解决方案。

我们要记住，只有两个以上的选项时，我们才能对其中的一个选项进行批评或者赞成；除非其中有一个选项是完美的，否则我们就不能以“不完美”为理由反对其他的选项。如果把“不完美”当成反对的理由，那么也就不会出现“不完美”的错误，因为任何一个选项都不可能是完美的，也不可能没有一点可取之处。

大家看一下这句话：“阻止人类进入核能时代是很有必要的，因为核能并不能从根本上消除世界上的安全隐患。”在这个例子中，反对发展核能的原因就是因为核能无法“从根本上消除世界上的安全隐患”，但是要知道不光是核能做不到这一点，石油、煤炭、风力发电、水力发电同样也做不到，每年在这些能源的使用中同样会造成这样那样的安全事故。如果因为这个原因反对发展核能的话，那么其他所有的能源方式也同样需要禁止。

当所有的选项都不完美的时候，“不完美”就不能成为反对的理由，如何选择的关键是看哪个选项更好一点，也就是我们常说的“矮子里面挑将军”，或者换个文雅一点的说法“两害相权取其轻”。

我们几乎可以这样说，凡是用“不完美”作为反对理由的人都有着自己的目的。例如“我不想做那个工作，因为我不确定那个工作的收入会比现在的更高”。这种反对的目的就是不愿意改变现状，尽管他的现状也并不是那么完美。

“我们应该全面禁止某某心脏病药进入市场，因为这种药物有可能会引起神经衰弱。”这种反对要么是为了利益，要么就是认知短见。试问究竟是心脏病对人的威胁大、还是神经衰弱对人的威胁大?

诸如此类的反对举不胜举，最值得注意的是“为了反对而反对”，这种反对通常出现在政客之间，只要抓住对方提案中的一点不足，就会否定掉整个提案，根本就不顾及这个提案有多少合理和进步的部分。

这种反对还只是“普通版”，另外还有“升级版”和“终极版”。如果掌握了“普通版”，基本上你就可以否决掉生活中常见的那些对你不利的提议；如果你能够掌握“升级版”和“终极版”，那么你几乎就可以随心所欲地破坏掉任何一个你想要破坏的提议了。

“升级版”的要点是，不反对这个提议，但是要指出其中不完美的地方，然后再提出一些比较激进的建议，如此一来这个提议也就因为难以实行而自动被大家否决。请看这个例子：“我原则上同意这个提议，但是我们也要注意到，这个提议没有涉及广告投入的问题。我建议，要加大广告的投入……”加大投入也就意味着成本的增加，同样意味着利润的减少，也就是让股东们少分钱，这个提议也就不了了之了。

“终极版”大部分用于弱势者对强势者的反对。这个版本的套路也是先赞成、再提出问题，最后列举出一些强势者难以做到的事情，让他们知道哪些事情可以做，哪些事情不能去做。例如在某学校会议上，校长得知有学生作弊，说要严厉处罚考试作弊的学生，有位老师不同意这个做法，但是慑于校长的威严，轮到这位老师发言的时候他是这样说的：“校长的提议很好，考试作弊就应该严厉处罚。不过这样也无法保证以后不再出现作弊这种现象，我觉得还是直接开除，然后……”然后？不会有什么然后了！

说了这么多，我并不是要告诉大家如何用“不完美”进行反对，而是告诉大家，不完美的论证也是成立的。世上所有的事物都不可能是完美的，我们不能因为不完美而去否决，而是要用发展的眼光去看待事物，不断地去完善这些不完美的事物，让它尽量地完美。

另外，在沟通过程中若想要驳倒不完美的建议或观点，不要为反对而反对，而必须采取技巧完美应对。

逻辑思维高手都是合格的回答者

我们在和他人交流的时候，不仅要学会提问，还要学会回答。有人说了，回答问题还不简单吗？他问什么，我回答什么不就完了。但是事情还真的没有这么简单，如果对方的问题简洁明了，当然可以不假思索地去回答；如果对方的问题很复杂，而你不能正确理解的话，你还未必能回答得很好。特别是回答领导提出的问题时，能不能正确地、彻底地理解对方提问的意图，会直接影响他对你的印象，因此，如果想要给领导留下一个精明能干的印象，就必须做一个合格的回答者。

想要成为一个合格的回答者，首先要做到能够正确理解对方的问题。当对方提出一个问题的时候，我们要分析这个问题的重点是什么，提问者想得到什么样的回答，我们又该如何去回答。

首先，我们谈一下如何分析问题的重点。一个复杂的问题包含着多个信息，这些信息中有些是问题的核心所在，这是我们必须着重思考的，也是必须回答的；有些信息则是核心信息附带的，我们可以不那么关心，甚至不回答也没有关系。比如下面这个例子：

这天，小张刚到公司就被经理拦了下来，经理问道："你昨天为什么没有来上班？干什么去了？怎么不请假？"小张不好意思地说："对不起，经理，我昨天感冒了。"经理不满地批评道："感冒了也要请假嘛。如果大家都这样干，公司会成什么样子？"

在这个例子中，小张显然没有抓住经理提问的重点，做出了不合适的回答。我们来分析一下，经理的问题包含了三个信息：昨天为什么没有来上班、干什么去了、怎么不请假。作为一个员工来说，有突发事情没有上班是正常的，有病了休息一天也是人之常情，领导也不会苛责。但是不请假就不对了，这种行为是对公司制度和领导的不尊重。显然，这三个信息的重点就是"怎么不请假"，可是小张却错误地认为问题的重点是"为什么没有来上班"，所以给出的答案也就不符合经理的希望。

其次，我们谈一下提问者希望得到什么样的回答。也就是弄清提问者的意图是什么，只有明白了提问者的意图，才能够做出令他满意的回答。就像上面这个例子，经理的意图显然不是让小张对没有请假的行为做出解释，而是想让他对没有请假这件事做出检讨，并保证以后不再犯。如果小张马上为没有请假的错误行为进行道歉，并保证以后不再犯这样的错误，相信经理的态度就会是另外一个样子了。

如果提问者的问题比较复杂或者说得不够清晰，无法准确地判断对方意图的时候，我们可以用反问的方式来确认对方的意图。就像这个例子：

老板来到小李的办公桌前，问道：“我让你写的那份策划书完成了没有？”

小李需要写的策划书有三份，他不知道老板问的是哪一份，就赶紧站了起来，说：“您是问前天让我写的那份策划书吗？”

老板道：“对，就是那个。”

小李说：“马上就要完成了，就差结尾了。”

在这个例子中，老板或许认为自己说的已经很清楚了，但是从小李的角度出发，他根本就不知道老板指的是哪一份策划书，如果他贸然做出回答，就有很大的概率不能让老板满意。可是经过小李的反问后，老板的意图就明朗了，小李也就可以做出让老板满意的回答了。

最后，知道了问题的重点是什么，弄清楚了提问者的意图，第三步就是如何回答了。回答问题的时候要干脆利索，不要说些不相干的话，否则就会让提问者觉得你说的话没有逻辑、主次不分，从而留下不好的印象。特别是在工作中，回答领导的问题时更要如此，让领导觉得我们做事有条理、有效率，这样才能有更好的前途。我们来看一下这两个员工是如何回答问题的，看看不同的回答取得的效果是什么样的。

在例会上，主管问小罗和小秦：“让你们两人做的方案做到哪一步了？什么时候能够给我？”

小罗说：“目前还有几个问题没有弄清楚，因为我对这方面了解不多，接下来准备查一下相关的资料，再找有经验的同事咨询一下，完成之后就可以给您了。”

主管很不高兴，面带愠怒地说道：“你怎么这么慢？尽量快一些，不要耽误了下一步的工作。小秦，你呢？”

小秦说：“就剩下几个小问题，加加班的话这个周末就可以给您了。”

主管满意地点了点头道：“干得不错，值得表扬。”

从这段话我们可以看出，小罗和小秦的工作能力是相当的，工作进度也是相近的，但就是因为回答的方法不同，使得主管的态度也有了不同。在主管的问题中，重点在于“什么时候能够给我”，意图就是“尽快给我”。小罗明显听出了主管的意图，可是为了推卸工作不力的责任，找了很多理由，费了很多时间，最终也没有给一个明确的时间，当然会让主管怀疑他的工作态度和工作能力。而小秦的回答就非常好了，既说出了进度（就剩下几个小问题），又表明了态度（加加班），还给出了时间（这个周末就可以给您），这样的员工又有哪个领导不喜欢?

若能做到以上三点，我们也会成为一个合格的回答者，在职场上无往而不利，在生活中如鱼得水。

构造论证，如何寻找和使用可靠的前提？

在构造论证的时候，仅仅有命题是不够的，因为论证无法自己建立，还必须有另外两个重要的因素——前提和结论。在所有的命题中，都是其中一部分（前提）来支持另一部分（结论），这样才是一个完整的命题。

当我们确定要得到一个结论时，我们就必须先找到足够支持这个结论成立的前提。前提必须符合真实的、有说服力的标准，按照这样的标准，我们在确定前提的时候就要判断一下，这些前提是真实的吗？是否能够支持所需要的结论吗？是必然得出还是可能得出？如果是可能得出，那么是高度可能还是低度可能？

我们必须用真实的前提来支持我们的结论，这一点是毋庸置疑的，除非我们想要欺骗他人。如果我们对某个前提的真实性不能保证，那么最好重新核实一下，这对于结论的论证是非常重要的。哪怕这个前提的大部分是真实的，只要有一点点错误，也不可以使用，否则就会产生雪崩式的严重后果。

史蒂夫是一个退伍军人，在他竞选参议员的时候，他的一个支持者在演讲中说了这样一句话："史蒂夫在越战的时候获得过紫心勋章。"有一个记者对这句话较了真，他仔细查阅了史蒂夫的履历后发现，史蒂夫的确参加过越战，也的确获得过紫心勋章，但是他的紫心勋章却不是在越战时期获得的。史蒂夫的竞争者得到这个消息后如获至宝，马上以此为突破点，告诉选民：既然史蒂夫可以在这一点作假，那么也可能在其他方面作假。最终，竞争者在选举中成功地击败了史蒂夫。

确定了前提的真实性，接下来就要比较一下前提的支持力度。不是所有的前提都有着相同的支持力度，只有那些能够最大限度支持结论的前提才是相关的前提。如果我们不排除掉那些支持力度不够的前提，势必会分散人们对那些支持力度较高的前提的关注，使得那些支持力度较高的前提无法发挥出应有的效力。

即使几个前提有着相同的高支持力度，我们在论证的时候也不要全部都用上。如果我们只使用一个或者部分相关前提，不仅可以让我们的论证重点突出，给人留下深刻的印象，还可以在他人反驳的时候把剩余的相关前提抛出来，取得更好的效果。另外，对于不同的人群来说，某些前提对他们有着特别的意义，更容易引起他们的共鸣，如果我们有针对性地采用这样的前提，相信会取得更为显著的效果。

还有一个需要注意的问题，那就是要了解我们的听众，要根据听众的特点选择合适的论证方式，这是无数语言逻辑高手的经验之谈。逻辑学是一门科学，也是一门艺术，论证的目的有两个，一个是得出正确的结论，另一个是让听众接受我们的结论。只要有了足够的、有力的相关前提，想要得出正确的结论就没有什么困难了，但是如何让听众接受我们的结论还需要下点功夫，这也正是逻辑学成为艺术的原因所在。比如，我是一个公司的首席财务官，如果在商界，我可以告诉大家“我是某某公司的 CFO”，可是如果我回到了山区的老家，当乡亲们问我做什么的时候，我就必须说“我负责公司的财务工作”，因为他们根本就不明白首席财务官、CFO 是什么概念。

总之，只要找到了足够的相关前提，并且合理地运用它们，我们就可以构造出一个合理的论证，并且得出正确的结论从而让听众接受。

因为是你说的，所以不成立

不知道你有没有过这样的感觉：如果某个你厌恶的人提出了一个见解，你会觉得这个见解一无是处；但如果这个见解是一个你欣赏的人提出的，就会觉得这个见解有可取之处。

为什么会发生这样奇怪的事情呢？这和我们的喜好有关。大多数时候，如果我们厌恶的人向我们提出某个意见或者建议的话，哪怕这个人是真的为我们好，这个建议或者意见是绝对正确的，我们也很难采纳。在逻辑学上，这种“恨屋及乌”的现象叫作“起源谬误”，也叫作“诅咒出身”，也就是因为意见的来源有不足之处，就否定了这个原本可能是正确的意见。

火车晚点了，急于登车的旅客围着站长，问他火车为什么会晚点。站长无奈地说：“火车通常都不会准时的，只有墨索里尼才会要求火车必须准点到达。”站长的说法显然是不对的，不管墨索里尼是不是要求火车必须准点，从旅客需求和交通效率方面来说，要求火车准点是没有错误的。即使是一个被盖棺论定的坏人，他也不会没有做过一件好事，他的意见也不见得完全都是错误的。至少在要求火车准点这件事上，墨索里尼的做法显然是正确的。

这种谬误在“成功学”中比比皆是。如果是一个成功者，那么他所有的做法都成了正确的，他所有的特点都是成功的必备要素；反之，如果某个人失败了，即使他有着和成功者相同的特点，做过同样的事，大家也会认为这些特点和做法是错误的、不可取的，都是必须摒弃的。简单地说，这个谬误的本质就是“因为我讨厌你，所以你说的一切都是错误的”。

这种谬误当然是极不可取的。就像令人敬仰的圣人，我们当然要遵循他的教导，但是圣人也是人，也会犯错误，难道这些错误我们也要全部继承下来吗？再如前面要求火车准点这件事，墨索里尼是第二次世界大战的元凶之一，是人们唾弃的对象，但是我们能够因为他要求火车准点，就反对火车准点吗？恰恰相反，世界各国都要求交通工具必须要准时，并没有因为墨索里尼而不这样做。

起源谬误最常用的做法就是，将对方的观点和令人厌恶的人联系到一起，特别是那些历史上臭名昭著的反面人物。出于对这些反面人物的讨厌心理，一旦某个观点和他们有了联系，人们就会下意识地认为这个观点是不对的，是无法接受的，反对者的目的也就达到了。就像当前比较流行的基因修补，它的反对者是这么说的：“基因修补是法西斯主义才干的事，也是希特勒梦寐以求要做到的。”事实上，希特勒确实有过改良人种的计划，他想要让地球上的人都成为他心目中完美的雅利安人种，而且也确实做过一些这方面的试验。但是基因修补指的是“对某些特定疾病的基因进行重组”，和希特勒的做法没有一点相同的地方。如果按照这个理论，我们培育名马、名犬和良种的改进也属于法西斯主义，没有任何进步的意义，反而是历史的倒退。

起源谬误的破坏性是很大的。如果我们想要让公众反对某个观点，只要将这个观点同某种丑恶现象或者反面人物联系起来，大多数的公众就会在潜意识中认为这个观点是邪恶的，是应该反对的。如果我们能够再举出一些正面人物是如何反对这个观点的，那么效果就更好了。

措辞的艺术，如何说出有立场的修辞？

我们在电视和文学作品上经常会听到、看到一些有倾向性的措辞，为什么会这样呢？其实这些媒体就是用措辞表明自己的立场，并且试图影响民众对某些事物的感觉。

我们先看一下这两句话：“希特勒喊来了他的军事头子”和“达拉第先生召见了国防部长”。从本质上来说，这两句话的内涵是一样的，都是“国家首脑会见了军事领导人”。但是不同的地方在于，同样是国家的首脑，直呼其名“希特勒”和尊称为“达拉第先生”；同样是“会见”，用“喊来”表示希特勒有专横、野蛮的作风，而用“召见”表示达拉第非常民主，是公事公办的作风；同样是“军事领导人”，用“军事头子”代表对德国法西斯军事力量的蔑视，而用“国防部长”代表对法国军事力量的尊重。同样内涵的话，由于用了性质不同的词语，也就带给了人们截然不同的感觉。

在上学的时候，我们都学习过词性的运用，知道根据对象的不同来选择相应的词进行修饰。其实这种修饰方法在传达信息的时候也非常有用：如果我们想要让对方赞成某个观点，就用褒义词去修饰它；想要让对方反对某个观点，就用贬义词来修饰；如果只是纯粹地把某个观点传达给对方，让对方做出自己的判断，那么就可以用不带任何感情色彩的中性词来修饰。在逻辑学上，这种带有立场的话叫作“圈套词语谬误”。

中国的文字博大精深，有时候一个字的变化就代表了不同的态度，这种用文字进行褒贬的手法做得最好的当属春秋时期的孔子。后世的儒家学派认为，孔子编纂的《春秋》每个字、每句话都要细细地研读，才能体会到孔子的“微言大义”。例如“郑伯克段于鄢”这句话，短短的六个字，既说明了事件、人物、地点，还表明了孔子的政治倾向、对郑庄公的讥讽、对共叔段的不齿等。不称“郑庄公”而称“郑伯”，是讥讽他没有尽到哥哥的职责，不但不对弟弟进行管教，还纵容他作恶；不称“共叔”而直呼“段”，是指责郑庄公之弟没有遵守做弟弟的本分，所以不说他是庄公的弟弟；兄弟俩如同两个国君一样争斗，所以用“克”字。

在体育新闻和政治新闻中，我们会从某些不经意的言辞中判断出说话者的立场。例如，在一场足球比赛的直播中，解说者说了这样一句话：“在上半场的时候，A 队趁着 B 队的疏忽首先进了一球，然而 B 队没有因此消沉，在球员精妙的配合下，终于在下半场的第 17 分钟扳回了一局，双方打成了平手！”你看出来解说员的立场了吗？不错，他是站在 B 队这边的！你看，他把 A 队进球的原因归结成 B 队的疏忽，而 B 队进球的原因是因为他们的球员有精妙的配合。

电视中的议题类节目更是充满了圈套词语。我们知道，大多争议来源于利益的冲突，每个人都有自己的世界观和价值观，都会偏向符合自己世界观、价值观的一方。这些专家、学者为了自己的利益，所筛选的资料和证据都是对自己有利的。而观众则没有这么多渠道来获得更多的信息，于是这些专家、学者就利用双方消息的不对称，以及观众对他们的信任，向观众灌输他们的一家之言。为了表示他们的立场是中立的、公正的，他们所使用的语言看起来是非常客观的，只有微小的不易察觉的分别。

如果我们能够熟练地运用不同词性的词语，就可以在不经意间影响我们的听众，巧妙地让他们把立场和感情转变到我们所希望的方向。

答非所问，何不聊聊无关的事?

早在古希腊时期，亚里士多德就提出了“混淆论题”的概念，这个逻辑谬误可以说是所有的逻辑谬误中历史最悠久的了。

在逻辑学上，混淆论题也叫作转移论题、偷换论题，最重要的表现就是答非所问，成功地避开对方的矛头，采用大量有力的证据，用严密的推理最后论证出一个对方原本不希望得到的结论。

据说苏东坡的儿子不聪明，可是他的孙子智商却很高，苏东坡对此一直耿耿于怀。某天，苏东坡的儿子犯了一点错误，苏东坡实在是忍无可忍，就重重地责骂儿子不成器。或许是被骂得狠了，他的儿子脖子一梗反击道：“我有什么不成器的？你爹不如我爹，你儿子不如我儿子！”

这个故事只是一个传说，是否真有其事我们就不追究了，我们讨论的只是这个故事中混淆论题的地方。故事中苏东坡说儿子“不成器”，意思是说他学习不好，文学素养不高；但是儿子却成功地把话题转到了比爹、比儿子上。如果从混淆论题这方面来说，苏东坡的儿子肯定是个聪明人！

在混淆论题谬误中，说话的人首先会给出一个与原结论相似或者有密切关系的结论，让人们认为这两个结论是相同的（其实二者是不同的），如果被人发现了，说话的人就会采取第二套措施——改变论证。

在论证的过程中，说话的人少说或者不说那些能够推理出第一个结论的论据，这样能够推理出第二个结论的论据就变成了可能，给人们留下“证明第一个结论的证据不足，不足以证明这个结论是正确的”“有大量有力的证据证明第二个结论是正确的”这样的印象。

在法庭辩论的阶段，辩方律师言之凿凿地说道：“我的委托人不可能是这起案件的策划者！我有大量的证据——例如票据、通话记录等——证明他当时根本就不在国内。”可是辩方律师的话根本没有任何意义，法官一听就能够发现，他的证据并不能洗脱委托人的嫌疑，因为可能他早就安排好了一切，出国只是为了证明自己没有时间作案，但是他完全可以用另外的电话遥控指挥。

混淆论题也是狡辩的元凶。例如当一个赌徒被警察指责不务正业的时候，他是这样说的：“相信我，伙计，我们赌博的人比所有的人都要敬业。我们不仅白天赌，晚上也要赌，即使偶尔有了空闲的时间，也对赌博念念不忘。”好吧，我承认这个赌徒非常“敬业”，但是这样的做法真的是正确的吗？

在一定程度上来说，人们很难分辨出对方是否混淆了论题。这个问题的难点就在于论据是真实有力的，论证是严密的，但是得出的却是毫不相关的另外一个结论。很多人都会把重点放到对方提出的论据是否真实上（可能这也是他们判断结论是否真实的唯一手段），然后用他们很少的一点逻辑知识来判断对方的论证是否合理，但是唯独忘记了对方得出的结论是不是和原来的那个一样。

混淆论题是新闻圈和政治圈经常使用的手段之一，当我们询问他们对某个事件的看法时，他们总能够面不改色地谈起其他的问题，仿佛不知道我们问的是什么一样。例如记者问发言人："今日某地发生了恶性的枪击事件，请问贵国政府是否准备加强对枪支的管理？"发言人从容自若地回答说："我们已经注意到了这个事件，并且对事件的发展密切关注。"那么相关部门是否准备加强对枪支的管理呢？他一个字都没有说！

在一次新闻发布会上，记者问："自从您上任以来，贫富差距迅速加大，贫民生活水平持续下降，为什么？"总统说："我们为老年人设置了最低保障，为那些单身母亲提供了部分补助。而在上一任总统执政期间对这些情况始终视而不见……"记者打断了他的自吹自擂，追问道：

“为什么贫富差距会加大？”总统道：“这个不是重点，重点是我们做了什么，不是吗？”

这个当然是重点，只是他不愿意回答罢了！

学会使用混淆论题这个谬误是很有用的。如果有人指控我们做过某事的时候，我们就可以用混淆论题的方式来保护自己，将话题转移到我们没有做过的事情上，听众会对此非常感兴趣，他们的注意力也就从原来的话题上转移走了。我们的证据越多、越有力、越注重细节，他们对原来话题的关注就越少。

混淆论题还可以作为攻击的工具。当我们反对某个观点的时候，我们可以大谈特谈对这个观点不利的证据，而对那些能够证明这个观点正确的证据一字不谈，给大家一种这个观点没有证据的错觉。

如何用幽默转移对方的注意力?

在辩论的时候，如果对方的言辞十分犀利，我方即将落入下风的时候，我们可以说一个与主题毫不相关的笑话，让听众的注意力不再专注于对方的话语，以打断对方的节奏，赢得喘一口气的机会。这种做法在逻辑学中叫作不相干幽默谬误。

例如在一场辩论中，正方抛出了一个有力的证据，而反方对此措手不及，不知道该如何应对。这时反方的二辩机智地说道："贵方的这个证据很好，这让我想起了以前听过的一个笑话……"这个笑话讲完之后，听众们哄堂大笑，完全忘记了之前双方的辩论内容，正方这个证据的效力也被削弱了。

事实证明，一个幽默的笑话不仅可以让枯燥的辩论变得生动起来，还可以起到分散听众注意力的作用。当然，使用这个谬误并不能转败为胜，一定的语言技巧才是赢得辩论胜利的关键。

不相干幽默谬误是辩论中经常使用的技巧之一，典型案例就是卫博福主教跟赫胥黎关于进化论的辩论。大家都知道，主教对进化论一直持反对、蔑视的态度，他在辩论中问赫胥黎："既然你说你是猴子的后代，那么究竟是你的爷爷还是你的奶奶是猴子变的？"赫胥黎的回答也很绝，他回答道："承认自己是猴子的后代并没有什么可耻的。可是假如我的爷爷像你这样，明明有着赫赫的权势、睿智的头脑，却只会用轻浮的语言去嘲笑严肃的科学，那我宁愿认一只猴子当我的爷爷……"

很多政治家都善于使用不相干幽默来击败对手，例如劳埃德·乔治、丘吉尔及哈罗德·威尔逊。英国第一个女下院议员南希·阿斯特也是此方面的高手，曾经有人这样问她："你对农业了解吗？恐怕你连猪有几个脚趾头都不知道！"听到对方轻蔑的话语，南希不动声色地说："那么您为什么不脱下鞋子自己数一下呢？这样能知道得更快！"台下的议员们捧腹大笑，都觉得对方说这样的话是自取其辱。还有一个有趣的现象，在国会选举的时候，很多选民会用不相干幽默去质问竞选人，用更幽默、更有趣的理由把对方所有合理的论证埋葬掉，如果这种行为能够让竞选人暴跳如雷，那就更完美了，甚至他们可以成为名人名言语录中"无名的质问者"。

同不相干幽默相比，理性论证者面临的问题更多，嘲讽和捧腹大笑都是难以辩驳的，听众们更在意的是听到一个有趣的笑话，至于论证是否合理，他们并不关心。如果想要成为一个成功的辩论家，或许我们应该先要准备好一肚子的笑话，针对不同听众的笑点，有针对性地把它们讲出来。即使这样不能让我们取得辩论的胜利，至少我们能争取到更多的时间，使对方的权威性在不断的笑声中逐渐降低。

想要把不相干幽默运用好并不是一件简单的事，它需要我们有智慧的大脑、丰富的知识和经验，还要能够及时地把握住现场的形势，这样才能适时地说出一个恰如其分的笑话，化解尴尬的气氛。这个笑话不需要多搞笑，只要能够契合论点，有一定的特点就可以了。

终极谈判，如何讨价还价？

有一个俗语叫“世事如棋”，意思是世界上的事情就如同下棋一样变幻莫测。事实上也确实这样，每个人都是社会这个大棋盘上的一个棋子，在形势这个棋手的指挥下身不由己地一步步走下去；每一个人也都是棋手，每一个决定都是和不同的对手对弈，走好就能够取得胜利，功成名就地去享受掌声和鲜花，走错了就是失败，只能默默地舔舐伤口以图东山再起。在一定程度上来说，现代社会是一个商业社会，每一个举动都是在讨价还价，如果不懂得博弈，是不可能在这种讨价还价中取得胜利的。

现代意义的博弈论虽然是第一次世界大战之后才发展成熟的，但是博弈论的思想在古代的中国就已经出现了，例如《孙子兵法》，就算是最早的一部博弈论著作。春秋时期的邓析对博弈论有一定的研究。我们先看一个关于邓析和博弈论的故事。

有一年，郑国有一个富商不小心掉到河里淹死了，有一个渔夫发现了他的遗体，就捞了上来。富商的家人听说后，就去找渔夫讨要遗体，表示可以付出一定的报酬，但是渔夫的要价太高，富商的家属无法接受，双方不欢而散。

富商的家属知道邓析是一个有智慧的人，就去向他问计，看看怎么样才能用比较小的代价赎回富商的遗体。邓析告诉他们说：“你们不用担心，除了你们，不可能有人去渔夫那里赎买遗体的。”于是富商的家属就回去了，再也不提赎回遗体的事情。渔夫知道了这个情况，很是着急，也去邓析那里问计，看看怎么样才能把富商的遗体卖个好价钱。邓析告诉他：“你不必着急，除了你这里，他们在其他地方是无法赎回富商的遗体的。”

在这个故事里，我们可以看出邓析的头脑是非常清醒的，而且逻辑思维也很清晰。他知道，富商的家属是不是能够用一个比较低的价格赎回遗体，在于渔夫是否愿意接受这个价格；而渔夫是否能够把遗体卖出一个高价，在于富商的家属是否愿意接受这个高价。而且邓析给出的建议也是中肯的，双方都可以按照自己的心理价位去和对方讨价还价。

我们可以分析一下这个“赎尸博弈”的效用矩阵，很容易就可以看出来，这个博弈有三个纳什均衡（用约翰·纳什命名的一个博弈论的重要术语，也叫作非合作博弈均衡）：

第一，出高价、要高价。这是对渔夫最有利的结果。如果富商的家属无法判断出渔夫的心理价位，就会因为急于赎回遗体而给出一个高价，从而出现出高价、要高价的纳什均衡。

第二，出低价、要低价。这是对富商的家属最有利的结果。如果渔夫无法判断出富商家属的心理价位在哪里，那么他就会因为急于出手遗体而给出一个低价，从而出现出低价、要低价的纳什均衡。

第三，出中价、要中价。这个结果无疑是双方都能接受的，也就是现在比较流行的“双赢”。双方都知道自己的心理价位是什么，也知道自己的目的是什么，于是就开始理性地讨价还价，那么最终必然会达成一个双方都能够接受的价格，这个价格就是中价（出中价、要中价），于是出现了双赢的局面，双方由冲突转化为合作。

讨价还价在生活中随处可见，小到我们在市场上买一把青菜，大到商业合作乃至国家间的谈判，都包含在讨价还价的范畴中，一般都是对方提出一个要求，如果我们不同意的话就提出一个新的建议，然后对方重新调整自己的要求，我们再提出一个建议，直到有了一个双方都能够接受的价位，这才完成了一个多阶段的动态博弈。

在这个多阶段的动态博弈中，如果处于单数阶段，那么先开价的一方具有“先发优势”；如果处于偶数阶段，那么后开价的一方处于“后动优势”。就拿我们常见的商业活动来说，如果买方急于得到某种商品，那么他就会给出一个较高的价格；如果卖方急于出掉手里的货物，那么他就会喊出一个较低的价格。所以我们经常会看到这样的现象：买东西的人总是对货物挑三拣四，制造一种“你的东西毛病太多了，除了我根本就没有人会买”的假象，来掩藏自己急于得到这个物品的现实；而卖方也会用各种语言和动作营造出一种“你爱买不买，反正我的东西不愁卖”的假象，将自己急于卖出货物的心理掩饰起来。事实上，双方的每一次讨价还价都是一次博弈，谁能够把博弈理论运用得更好，谁就是最后的胜利者。

在讨价还价时还会用到有名的最后通牒博弈，这是一种只有两个参与者进行的非零和博弈。这种博弈规定，甲向乙提出一种分配方案，如果乙同意这个方案，那么就按照这个方案分配；如果乙不同意，那么两个人就谁也得不到。按照理性的角度来说，不管甲提出什么样的分配方案，乙都应该同意，因为即使他获得的少，也比什么都没有要好。但是事实并非如此，实际的实验表明，只有当甲提出的方案对乙有利时，乙才会同意这个方案。那么如何才能做到公平合理呢？其实很简单，由甲将物品分成两份，然后让乙先挑。这样一来，甲为了不让自己吃亏，就必然想方设法让分配尽量公平。

学会了博弈论，就可以让我们在讨价还价中占尽优势，成为笑到最后的人。

如何运用特殊情境战胜对手?

我们在进行论证的时候，必须要考虑听众的特殊性，这种做法就是逻辑学中的“情景操控”，说白了，就是到什么山上唱什么歌，遇什么人就应当说什么话。

使用情境操控的时候，我们必须将听众的特殊情境当成我们的诉求点，提醒听众他们所处的位置和利益关系，这时候即使我们没有有力的真实论据，听众也会接受我们的论点。

例如这句话:“只要是以盈利为目的的贷款都是无法认同的，即使是合法的行为。不要忘了，我们都是基督徒，放贷的人会被教会从教堂里赶走。”显然，这句话是对基督徒说的，因为这个论证是片面的，没有什么说服力，只有基督徒才会因为自己的信仰而赞同这个观点，除此之外的人都不会认同。

对于那些特定的听众来说，采用这种方式可以取得很好的效果。听众甚至都不去思考一下论据是否真实、是否有力，只是因为自己是某个利益团体中的一员，哪怕他心中不同意，也会强迫自己接受这个观点。

这种谬误还有另外一种变形：因为对方的建议是基于个人的利益或者集体的利益而提出的，所以就必须驳回。例如，在关于能源发展的会议上，某石油集团的代表提出了一个非常具有可行性的建议，但是大家都明白，他的目的在于保证石油行业利益。那么这个建议是应该否决还是应该支持呢？我们仔细分析一下就会发现，这个代表的建议有可能是为了自己的个人利益提出的，而不是代表石油行业提出的；退一步说，即使是代表石油行业提出的，也不能说这个建议是错误的。因此我们就必须权衡一下，如果这个建议不仅对石油行业有益，也让其他的能源行业获得了收益，那么就必须支持这个建议，否则就是因噎废食了。

我们必须要明白这一点，尽管情境操控针对特殊群体引用了不相干的事项，甚至随意地放弃了那些相关的材料，但这只是让听众支持自己的一种手段，并不代表这种观点就是错误的。

例如，在一次呼吁政府加大对贫困山区拨款的演讲中，演讲者说道：“在座的很多人都是从山区出来的，知道那里有多么艰难，条件是多么恶劣。难道你们希望自己的家人永远在那样的条件下生活吗？我想你们肯定会同意这个提议，让他们早日过上幸福的生活！”

虽然演讲者使用的这个手段不太好，但是我们也不能否认，增加贫困山区拨款的建议是没有错误的。

特别是面对那些特殊群体的时候，最容易发生诉诸特殊的情况。例如美国人津津乐道的“建立民意”，其本质就是把原本是一团散沙般的小利益团体集合在一起的过程，让它们拥有共同的利益，然后这些小团体就成了大团体，这样它所发出的声音就不容忽视了。几乎每一个政客都是某个或者某几个利益团体的代言人，他的身后站着公务员、工会、社会福利受助者、少数族裔等，这些团体给予他金钱和舆论上的支持，建立起威信和权力，而政客则为这些团体的利益抛出一个个方案。

情境操控在生活和工作中同样是很有用的，如果能够熟练地运用，可以让我们像政客一样轻松取得他人的支持，占据一定的优势。

常用的情境操控大体上可以分为这样两种:

第一，将自己的观点和现场占据多数的利益团体联系起来，以取得他们的共鸣。如果大多数的听众是农民，那么你就是农民利益的代言人;如果大多数的听众是工人，那么你就是工人利益的代言人……如此一来，即使他们对你的观点有不满的地方，大多也会违心支持，至少不会强烈反对。其他的任何方式都无法使我们取得这样好的效果。

第二，将反对意见归入某个利益团体里，并且毫不吝惜地舍弃。所有的观点或者结论都无法符合所有人的利益，在这种情况下，我们就只能选择符合大多数人利益的观点或者结论。如果有人反对，我们就必须指出他所代表的利益团体，并且告诉大家，对方是为了自己的利益而反对的，对方的意见已经侵犯了大家的利益，从而赢得大多数人的支持。

布设两难，如何让对方进退不能？

在生活和工作中，如果我们没有逻辑思维，不仅无法在思维过程中保持准确性和明确性，还容易在辩论的时候被对方逼入死角，陷入进退两难的困境。在所有能够让人进退两难的手段中，最令人头痛的就是两难推理。

两难推理又叫作假言选言推理，这种推理的前提一般都有两个充分条件的假言判断和一个选言判断。两难推理是一种逻辑谬误，表面上看起来给出了全部的选项（一般都是两个），但是实际上并非如此，对方是把其他的选项都隐藏了起来，而且给出的这两个选项也都是错误的。

有一个最经典的两难推理的例子，就是“上帝能创造出一块自己无法举起的石头吗？”面对这个问题，宣扬上帝无所不能的神学家们无疑会陷入进退维谷的局面，因为无论他们如何回答，都无法自圆其说。如果他们说上帝可以创造出这样一块石头，那么上帝就不是无所不能的，因为世界上还有一块石头是上帝举不起来的；如果他们说上帝无法创造出这样一块石头，那么上帝仍然不是无所不能的，因为还有一块石头是上帝无法创造的。所以不管神学家如何回答，都无法证明上帝是无所不能的。

生活中这样的例子也很多，例如我们到商场买衣服的时候，当看过几件后，售货员会问我们："先生（女士），您是想买这一件，还是想买那一件？"其实售货员说的话就是两难推理，因为她并没有给出所有的选项，我们可以选择两件都不买，也可以选择两件都买下来，还可以选择买这两件之外的一件等。

此外还有许多两难推理的逻辑谬误，如片面谬误、个人怀疑、赌徒谬误等，这些谬误都可以得出符合逻辑的结论，但是得出的结论并不见得是正确的。

两难推理之所以叫作两难推理，就像前面说的，推理中只提供了两个选项；如果提供了三个选项，就叫作三难推理；如果提供了四种选项，就可以叫作四难推理……不过，不管是几难推理，都可以视为两难推理的变异，仍然属于两难推理的范畴。

从推理形式上来讲，两难推理是无可非议的，但是它的推理内容和推导出来的结论却有着很大的问题，因为这种推理的前提是假的，在论证的过程中也没有可供利用的充分条件，所以得到的结论也就经不起推敲。

从提供选项方讲，在需要对方选择的时候，我们可以用两难推理的方式，只说少数几个对我们有利的选项供对方选择，不说其他对我们不利的选项。在这种情况下，如果对方没有想到其他选项，势必就会从我们提供的选项中选择一个，或许他选择的那个选项相对来说对他最有利，但是无论如何，因为选项是我们提供的，我们所得到的利益要比他多得多。

当然，从选方角度来看，两难推理也不是无解的，只要我们足够冷静，不被对方给出的选项所迷惑，就可以推导出更多的选项，这样我们就可以选择出对我们最有利的选项。就像前面那个买衣服的例子，如果那两件衣服都不满意，我们完全可以说“我再看看其他的款式”或者“我到其他地方再看看”，如此一来，售货员的两难推理也就没有了作用。

正话反说，意味深长

今年夏天，老张家的水表坏了，他确定自己把家里所有的水龙头都关住了，可是水表上的指针仍然在飞快地转动，短短一天的时间就显示用了好几吨水。水表上的数字每跳动一次，老张的心也会跟着跳一下！老张知道自己无法解决这个问题，就马上给自来水公司打了电话，告诉他们自己的水表出问题了，要求他们马上派人来修理水表。自来水公司的人答应得很好，说马上就派人过去，可是老张一连等了三天，却连自来水公司的人影也没有看到。

邻居老李看到老张急得嘴上都起泡了，就给他出了一个主意，让他告诉自来水公司的人，就说不管怎么用水，自家的水表都不会转。老张这时候已经没有其他的办法了，就按照老李的说法给自来水公司打了电话。令老张没有想到的是，他放下电话还没有半小时呢，自来水公司的人就气喘吁吁地上门了，这下子老张的麻烦终于解决了。

为什么会发生这样的事呢？其实这就是人的私心在起作用。老张刚开始的说法实质上是“水表空转”，受到损失的只有老张，自来水公司是按照水表上的数字收费的，没有任何损失，自然也就不会有切肤之痛，所以也就不上心；而后来老张说水表不转了，那么受到损失的就变成自来水公司了，所以他们如果想要避免更大的损失，就要尽快地采取措施了。这就是正话反说的一个应用。

在生活和工作中，我们不时会遇到一些看上去无解的局面，但是如果我们能够掌握正话反说的诀窍，另辟蹊径侧面出击，大多数情况下都能打破僵局，取得出乎意料的收获。

正话反说在修辞上又叫作“倒反”“反说”“反辞”等，就是用跟本意相反的词语来表达否定、讽刺、嘲弄之意等。在很多场合，由于人们对那些司空见惯的概念已经产生审美疲劳了，如果用普通的词语来解释的话，很难引起人们的兴趣，如果在这时候你采取正话反说的方式，就会让人们产生好奇心，不由自主地想要聆听你究竟有什么新的见解，同时也会对你的观点产生深刻的印象。下面就是一个正话反说的最好例子。

美国的西点军校是世界著名的军校之一，曾经培养出了许多著名的军事家和政治家，学校的领导也经常会邀请一些战功赫赫的将军到学校演讲，来开阔学生的眼界。这一年，有一位将军应邀来到了西点军校。可是在走上讲台的时候，他发现下面虽然掌声显得十分热烈，可是学生们脸上的笑容都隐隐约约地带着一丝敷衍的味道。这位将军立刻意识到，学生们已经对自己这类所谓成功人士的“经验”不再看得那么神圣了，如果今天的演讲不够出彩的话，说不定以后自己在这些学生心里就不会有多少好印象了。将军平常就是一个十分幽默的人，就在走了短短几步路的时间里，他想好了对策，他决定放弃原先写好的演讲稿，采用新的方式来吸引这些学生。于是，他来到了话筒前，先是向大家敬了一个礼，然后神情严肃地说道：“大家好，今天我来到这里不是宣扬我的经验的，而是想和大家聊一下，成为一个优秀的指挥官需要具备哪些‘缺点’。”

学生们大吃一惊，以前来演讲的人不都是说一些“如何成为一个优秀的指挥官”“指挥官需要注意哪些方面”之类的话题吗？今天这个演讲者究竟是怎么了？有缺点的军人怎么可能成为优秀的指挥官呢？莫非来的时候忘记吃药了？

将军好像根本就没有看到下面交头接耳的学生和台上大惊失色的校方领导，继续不慌不忙地说道：“好的指挥官都是非常懒惰的，只要他认为部下有能力，他就会毫不犹豫地给他们加担子。

“好的指挥官都是脸皮很厚的。当有了困难的时候，哪怕同僚们都在推诿，他总是不顾人们的风言风语主动去解决。”

“好的指挥官都是纪律的破坏者。在有了突发情况的时候，他根本不理会‘军人的天职是服从’这个定律，在上级还没有明确指示的情况下就主动出击……”

在这个故事中，如果将军按照原定计划进行演讲的话，根本就无法打动学生们，也会成为一次失败的演讲，然而将军把“信任”“主动精神”等优秀的品质用贬义词说了出来，立刻就抓住了学生们的注意力，成功地调动了他们的兴趣，演讲也就取得了完美的成功。

Chapter 3

×

逻辑提问术

真相就在逻辑背后

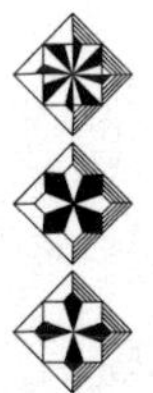

如何说一句既真又假的话？

当有人告诉我们一个事情的时候，我们通常都会产生这样三个判断：他说的是真的；他说的是假的；不知道他说的是真还是假，还需要更多的证据来判断。第三个判断一般都不是固定不变的，随着我们了解到的证据的足够程度，随时会转变成“真”或者“假”。

当然，这三种情况是对普通人来说的，如果是让学习过逻辑学的人来判断的话，那么就会出现第四个判断：他说的既是真的，也是假的。

说到这里，或许有人就要问了：逻辑学讲究严密，一个事物怎么可能既是真的又是假的呢？这种情况明显违背了矛盾律和排中律嘛！然而我要告诉大家的是，逻辑学中真的有这种情况出现，当然，这是一种比较特殊的情况。

首先我们来讲一个小故事。有一只鳄鱼饿了，就从一位母亲的怀里抢走了她的孩子，然后告诉这位母亲：“我给你一个机会，如果你猜对了我的想法，我就把你的孩子还给你；如果没有猜对，那么这个孩子就会成为我的午餐。好了，现在你猜一下我想对这个孩子做什么。”

鳄鱼心里的想法是：不管你怎么说，我都说你猜得不对，这样我就可以把这个孩子给吃掉了。

这位母亲也是一个聪明人，马上就回答道：“你想吃掉我的孩子。”

鳄鱼说：“你说的不对。现在我就吃掉这个孩子。”说着它就张开血盆大口向孩子咬去。孩子的母亲急了，说：“鳄鱼，你说话不算数！你不是说我猜对了就把孩子还给我吗？”

鳄鱼说：“对呀！我本来想要把孩子还给你的，可是你说的是‘你想吃掉我的孩子’，这样就说明你猜错了，我当然可以把他吃掉呀！”

母亲道：“如果你要吃掉我的孩子，就说明我猜对了，你就必须按照诺言把孩子还给我；如果你本来就想把孩子还给我，只有还给我之后才能说明我猜错了。所以无论如何你都必须把孩子还给我。”

鳄鱼这下子被弄晕了，左思右想，发现不管自己怎么说都不能吃这个孩子了，最后只好郁闷地把孩子还给了他的母亲。

在这个故事里，鳄鱼设下了一个陷阱，因为谁都无法知道别人心中的想法是什么，这样不管孩子的母亲怎么说，它都可以说孩子的母亲说的不对，从而吃掉这个孩子。可是孩子的母亲也是一个高手，说的也是两头堵的话，如果鳄鱼说它想吃掉孩子，就说明她猜对了，这样鳄鱼就必须按照诺言放掉孩子；如果鳄鱼说它想的是把孩子放了，那它就必须把孩子放了来证明自己本来想的就是这样。如此一来，不管鳄鱼说它心中想的是什么，按照它的说法都不可以把孩子吃掉。

这个故事就是逻辑学中有名的“鳄鱼悖论”，反映的就是前面我们所说的第四种判断——既可能是真的，也可能是假的。不过这种“真”“假”同样也是不确定的，说话的人会根据对方的反应随时决定是“真”还是“假”。

正如前文所说，谁也不可能知道别人的心里究竟是怎么想的，我们如果想要用一般的方式来破解这个悖论，几乎是不可能做到的，但是如果我们有了严密的逻辑思维，就会发现这个悖论同样也是一个纸老虎。我们可以试着去分析说话者的真实目的是什么，从而找出对我们最有利的答案，来破解这个看似无解的命题。

很多时候，何为真，何为假，都需要满足特定的时间、场景、地点等条件才能成立。如果脱离了这些条件，就会掉入逻辑陷阱中。因此，在进行话语逻辑的架构时，我们一定要注意分清楚具体情况，区分出相对与绝对造成的一些沟通困境，以免授人以柄。

为什么复杂的提问更容易犯错?

不知道你在生活中有没有遇到过这样的情况，你兴致勃勃地说了一大通话，本来以为自己说得非常清楚明白了，结果对方却来了一句：“不好意思，我没有听明白您究竟是什么意思，能再说一遍吗？”这个时候你的心情是可想而知的，失望、沮丧、不自信等负面情绪都会产生，你甚至会怀疑自己，“难道我的表达能力就这么差吗？我觉得我说得已经够详细了呀？”

为什么会出现这种沟通不畅的现象呢？根本原因是因为你的话里包含的逻辑关系太多了！长篇大论的目的，通常要么是因为担心对方听不明白，不厌其烦地把同一个问题翻来覆去地解释；要么是问题很多，说话的时候把多个问题糅合在了一起，使对方抓不住重点，不知道该回答哪一个。在这一大段话中，一般都要用到“因为……所以……”“并且”“而且”“但是”等多种连词，用来表示各个语句之间的因果关系、并列关系、递进关系、转折关系等逻辑关系。

我们知道，大部分人是没有系统地学习过逻辑学的，如果一段话中的逻辑关系太多，就会造成理解上的困难，因为他们无法迅速地理清这一系列的关系。

此外还有记忆力的问题。有科学家研究并证明过，人们在聆听对方说话的时候，只能够记住对方在七秒之内说过的话，如此一来，如果我们不能在短短的七秒之内说明白我们想要表达的意思，就会因为对方记忆丢失而造成理解上的困难。

还有一点就是注意力。人的注意力是无法始终保持高度集中的，有太多的意外可以让人的思想开小差。在阅读文字性的东西时，如果因为走神漏过了一段，我们还可以回过头来重新读一次，可是在听人说话的时候，只要漏了一句，就可能造成理解上的缺失。这种现象在提问的环节更加明显，尤其是在问题表达得过于复杂时。

从说话人的角度来分析，提出复杂的问题往往有这样几个原因：

第一，提问的人自己都不知道他要问的是什么。这种情况通常是因为准备不充分造成的。

第二，一下子问了不止一个问题，让人不知道该回答哪一个。这种情况一般都是提问的人急于想知道这些问题的答案，一股脑地就全部说了出来。

第三，提问的时候不分轻重缓急，让人抓不住重点。这种情况一般都是说话前语言没有组织好，所以就显得语无伦次，让人不知所云。

我们来看这样一句话。老张告诉老李说：“某公司的产品性能不错，我一直都在用他们的产品。你买过他们的产品没有？要不要我给你要一点试用品？”

如果我们是老李的话，会怎样去理解老张的这句话呢？如果从字面来分析的话，我们可以得到这样三个结论：

第一，老张问我买过某公司的产品没有；

第二，老张想帮我向某公司要一些试用品；

第三，老张觉得某公司的产品不错，如果我有兴趣就帮我要一些试用品。

这就是典型的一句话包含了几个意思，而且还没有抓住重点，结果就造成了聆听者根本就不明白对方想要表达什么。其实老张完全可以把这句话分解开来，根据自己的意图分成若干个小问题：

如果想要对方改用这款产品，可以说“某公司的产品不错，我一直都在用，我建议你也换成他们的产品。”

如果想要向对方推荐这款产品，可以说“某公司的产品不错，我一直都在用，如果你感兴趣的话，我可以帮你要一些试用品试用一下。”

如果仅仅只是想问对方是否用过这款产品，可以说“某公司的产品不错，我一直都在用，不知道你用过没有？”

这样问题的重点就非常清楚了，聆听者也会根据说话人的意图做出自己相应的回答。

既然复杂的提问容易出问题，那我们又该如何避免这种情况发生呢？其实我们只要做到以下几点就可以了：

第一，提问前做好充分的准备。只有对问题有了充足的了解，提问的时候才能够做到有的放矢，不至于出现“我也不知道自己问的是什么”之类的笑话。

第二，抓住重点，分清主次。当有多个问题要问的时候，要分清哪个问题是自己最需要知道答案的，在对方回答了这个问题之后才能一个个地提问其他问题，不要一下子都问出来。

第三，长句变成短句，尽量少用表示逻辑关系的连接词。句子越长，理解起来难度就越大；表示逻辑关系的连接词越多，对方的思维就越混乱，理解起来就越困难。

为什么要给问题加上限定条件?

有时候，当我们提出一个问题的时候，却发现对方回避了问题的实质，给出的答案根本就没用。为什么会发生这种情况呢? 就是因为我们没有给问题加上限定条件，这才让对方钻了空子。

我们知道，只有在一定的前提下才能得到某个确定的结论。如果前提改变了，结论也会有相应的变化；如果对前提不加限制，那么得到的结论也必然无法确定。提问题同样也是如此，如果不加上限定条件，那么对方就可以根据自己的意愿随意地进行回答，完全不用考虑提问者的原意是什么。例如一位母亲中午做饭前问她的孩子“你想吃什么？”，她的本意是想问孩子“你想吃什么饭”，但是因为没有加上“饭”这个限制条件，那么孩子完全可以根据自己的意愿用“我想吃雪糕”“我想吃苹果”“我想吃薯片”去回答母亲。虽然母亲听到这样的答案火冒三丈，但是也无法去责备孩子，毕竟是她没有把话说清楚，孩子这样回答也就无可厚非了。

我们再分析一下一个当代的热点问题：美国应该插手其他国家的维和

行动吗?

从字面上来看，这个问题好像只有“应该”和“不应该”两个答案，而且提问者的本意也是要求从“应该”和“不应该”两个答案中挑选一个。

但是这个问题只有“应该”或者“不应该”这两个答案吗？显然并不是，因为这个问题根本就没有限定条件，所以我们可以这样回答：

如果这个国家和美国有着密切的关系，当然应该插手。

如果美国的利益受到了损害就应该插手。

既然美国是世界超级大国，就有责任维护世界的和平，所以应该插手。

既然美国一直呼吁尊重其他国家的主权，自然就不应该插手其他国家的事情。

不应该，美国自己的内政都还有许多问题呢，为什么还要插手其他国家的事呢?

不知道你注意到没有，在这五个答案中，回答者为了证明自己的回答是正确的，都设立了一个前提条件。当然，如果我们再设立其他的前提条件，还可以得到更多其他的答案，这几个答案也不过是其中的一部分罢了。如果是一个普通的老百姓，自然不用考虑那么多，直接回答说“应该”或者“不应该”就可以了；但是对有一定地位或者影响力的人来说，最好的答案就是在“应该”或者“不应该”前面加上一个限定条件。这种有限定条件的回答即使令部分人不满意，也不至于对自己造成恶劣的影响。

明白了这些，我们在提问的时候就要在问题的前面加上相应的限制条件，让对方无可回避，只能从正面回答我们的问题，从而获得一个最精确的答案；同样，在需要回答问题的时候，如果对方没有在问题的前面加上相应的限制条件，我们也可以自己加上一个限制条件，以做出对我们最有利的回答。

为什么有时存在多个结论?

我们在谈话时，有时候对方会举出一个或者诸多的理由，来证明自己结论的正确性。可是我们仔细分析，就会发现对方所给出的理由固然能够得到他所说的结论，但是也同样可以得到其他的结论。

例如“他很认真，所以他的业绩很好”这句话，得到结论“他的业绩很好”的原因是“他很认真”，但是根据这个理由，我们同样可以推导出“他的工作很出色”“他的业务很熟练”等结论。所以如果我们严格地按照逻辑学分析，那么“他很认真”和“他的业绩很好”之间只是有一定的关系，不是必然的因果关系。

当我们提出问题的时候，如果对方给出了答案并且说出了判断的理由，我们最好不要直接相信，而是要尽量试着利用多种方式论证一下，看看能不能推断出更多的结论。

我们再举一个例子。前些年，美国对是否废除死刑有过特别激烈的争论。那些不同意废除死刑的人认为，仅仅通过以下两个理由，就可以得出不能废除死刑的结论：如果某人故意杀人，只有以命抵命才是最合适的惩罚；如果没有了死刑，那么某些犯罪行为就无法得到应有的处罚，比如一个人被判处了终身监禁，但是他在服刑的时候又杀死了人，这样后果不堪设想。

我们不讨论这两个理由是不是正确，暂且认为它们都是很合理的，当然，结论前面也有了，就是“不能废除死刑”。但是，根据这个理由就必然得到“不能废除死刑”这一个结论吗？

其实不然，不管从哪一个理由出发，我们都可以得到另外能够说得通的结论。就拿第二条理由来说，我们还可以得出这样一个结论：如果一个被判处终身监禁的罪犯在服刑的时候杀了人，不管受害者是监狱的看守还是其他的犯人，那么他都应该被判处死刑，但是仅限于这种情况才能判处死刑。这个结论同样也是合情合理的，可以作为司法的一个补充，专门对终身监禁的犯人再次犯下重罪进行惩罚。但是，这个新的结论是“有条件地保留死刑”，而原先的结论“不能废除死刑”则是“无条件地保留死刑”，二者的内涵已经不同了。

一个理由是可以得到多个结论的。在日常生活和工作中，这个论断是非常有用的。它告诉我们，当前的条件会产生不同的后果，然后我们就可以根据这些不同的后果做好预案，从而做到有备无患。

为什么数据也会骗人?

曾经有人说过:“数据是不会骗人的”,很多人对这句话奉为圭臬,认为某段话里有了精确的数据,那么这段话就是可信的。但是你要知道,数据有时候也是会骗人的!

数据骗人有两种情况,一种是数据不完整,造成重要信息的缺失。这种情况可以列举下面几个例子:

· 小镇的现代化建设日新月异,今年新建的高楼大厦比去年多了 75%。

· 跳伞是一项非常安全的运动项目,至少比开车更安全。就在上个月,某市死于车祸的有 257 人,而因为跳伞死亡的只有 3 个人。

· 艾滋病已经成为一个社会性的问题,仅仅在 2009 年,美国就有 54000 人染上了艾滋病。

在第一个例子里，最引人注目的就是75%这个数字了，但是我们必须要注意到，这个数字是相对数字。如果去年建了100栋今年建了175栋，那么“75%”这个数字当然是令人欢欣鼓舞的；如果去年建了4栋而今年建了7栋，那么“75%”就纯粹是一个文字游戏了。

第二个例子倒是有了具体的数字，但是却没有交代基数。假如这个城市有10万人开车，那么因为车祸死亡257个人就只占了总体的0.257%；如果这个城市只有1000人爱好跳伞，即使只死了3个人，死亡比例也是0.3%，二者从比例上来说相差无几，根本无法说明跳伞运动更具有安全性。

第三个例子中的“54000人”真的是触目惊心，但是如果把这个数字相较于美国3亿人口的庞大基数，是0.018%，不足以成为社会性问题。

在以上三个例子中，说话的人为了达成某种目的，故意不说出重要的信息，从而让人产生误判。

数据骗人的第二种情况是没有相对比较，这种情况大体上类似于下面几个例子：

· 某某洗发水，除屑效果超出 50%。

· 在 2006 年，有 4650 名运动型轿车车主在事故中丧生，由此可见运动型轿车是非常危险的，有关部门必须立刻采取行动，不能让它们再上路行驶。

· 美国人对本国文化的认同感日益减弱，据《纽约时报》报道，高达 50% 的年轻人不知道美国内战是在哪一年爆发的。

在第一个例子里，某某洗发水的除屑效果比什么超出了 50%？是其他品牌的洗发水还是该品牌其他配方的洗发水?

第二个例子虽然数字是惊人的，但是我们应该再问一下，其他类型的汽车车主又有多少人死于事故？“4650”这个数字在所有因为车祸死亡的人数中又占了多少比例?

而在第三个例子中，30 年前有多少美国人知道美国内战爆发的时间？20 年前呢？10 年前呢？没有限定条件，说服力就弱了。

综上所述，当我们看到一个诱人的数据时，一定不要被它的表象所迷惑，要先看看表达的数据是否完整，有没有缺少相对比较的信息？有百分比数字的信息中有没有绝对数值？有绝对数值的信息中有没有百分比?

我们必须懂得，没有相对的信息，比较也就没有任何意义；只有百分比没有绝对数值，百分比就是故弄玄虚；只有绝对数值没有百分比，就无从判断绝对数值在整体中占有什么样的地位。只有当所有的信息都有时，这样的数据才是可信的数据，我们才不会被数据所欺骗！

为什么事实结论是最可靠的?

每个人都有自己的观点，根据情况不同，这些观点可能是假设，也可能是理由，也有可能是结论，但是不管是哪一种，说话人的目的就是为了让我们相信这些观点就是事实。在逻辑学中，这些观点被称为“事实结论”。

当有人向我们提出一个结论的时候，我们第一个反应应该是“我为什么要相信它？”随后就要问他“这个结论需要证据来证实吗？”如果需要证据来证实，但是又找不到证据的话，那么这个结论就是孤立论断。我们完全可以怀疑孤立论断是否可靠，并且要求提出结论的人提供更多的证据来证实它。

如果对方提出了证据，那么我们还需要问他一个问题:“这些证据有足够的效力吗？”有些事实结论从表面上来看就非常可靠，有些事实结论则一看就让人不敢肯定。例如“大部分军人都是男的”这个结论，很多人都有足够的信心认为它是真的；而“喝牛奶可以让人长寿”这个结论，可能大部分的人都不会有足够的信心认为它是真的。绝大部分的结论都是处于绝对的真理和绝对的谬误之间的，我们无法去证明某个结论究竟是绝对的真理还是绝对的谬误。换句话说，想要证明这一点也是极其困难的。因此我们如果想要证明某个结论是不是“真”的，就判断一下这个结论是不是可靠。一般来说，如果一个结论证明它是“真”的证据越多、越充分，那么这个结论就越值得信赖，也就是我们常说的“事实”了。

例如“华盛顿是美国的第一任总统”这个结论，有着太多可信的证据证明它是真的，所以我们可以认定这个结论就是事实；而“瓶装水比自来水更安全”这个结论，则没有有力的证据证明它是可靠的，所以我们只能认为这个结论是一个观点，而不是事实。从这一点来说，某个结论究竟是观点还是事实，判断的标准就是看能够证明这个结论为“可靠”的有力证据有多少，少了就属于观点的范畴，多了就可以认定为是事实。

当有人向我们提出一个结论的时候，我们首先要判断这个结论是否可靠。判断某个结论是否可靠一般可以通过这样几个问题来进行：“你怎么知道是可靠的？”“你能够证明吗？”“你怎么证明？”“证据是什么？”“你哪来的这些证据？”“这些证据效力如何？”

只要养成问这些问题的习惯，那么所有的虚假结论都不会骗过你。从实质上来说，这些问题就是要求对方提出足够有力的证据，来证明自己所说的话是正确的、可信的，任何一个真实信息的言论者都会毫不犹豫地提供相关的证据。因为他们知道自己的结论是可靠的，而且有着有力的证据，说出这些证据可以更容易说服他人认同他们的观点。相反，对于那些一听到这些问题就火冒三丈或者顾左右而言他的人，我们就要提高警惕了，因为他们没有有力的证据来证明自己的结论是可靠的，所以才会恼羞成怒。

问这些问题还有另外一个好处。我们前面说过，绝大部分的结论都是处于绝对的真理和绝对的谬误之间，多问问题可以让我们判断出某个结论究竟可靠不可靠。例如“隔一天吃一片阿司匹林可以有效地降低患心脏病的概率”这个结论，有很多证据证明这个结论是可靠的，但是也同样有很多证据证明这个结论是不可靠的。这时候我们就要多问几个问题，比较一下哪个方面的证据更多、更可靠、更有力，这样才能确定这个结论是不是可靠。

为什么说改变立场是一种自我保护的措施?

在会议上，如果某个人提出的建议被大家证明是错误的时候，他会立刻抛弃自己原来的建议，并且用各种不同的语言证明自己和大家持有共同的立场。我们不能简单地用“善变”来指责这些改变自己立场的人，其实这也是一种自我保护的措施，免得他们被大家孤立或者抛弃。

人们通常会用这些方式来改变自己的立场：

第一，用暧昧的语言使自己原来的观点看起来不那么鲜明。例如，有人转而支持原来极力批评的提议时，他是这么说的，“是的，我是不喜欢这个提议，但是并不代表我反对这个提议。”

第二，重新对自己的观点进行解释，告诉大家这个观点还有另外一种意义。“我想你并没有正确理解我的意思，我的本意是这样的……”如此一来，虽然听起来似乎还是原来的观点，但是其中的内涵已经改变了。

第三，虽然还在坚持原来的观点，但是却提出了截然不同的建议，并且宣称这两个观点是一脉相承的。“我仍然坚持我提出的计划，不过鉴于李先生的提议也有许多可取之处，我也会对这个计划做出相应的修改。”可是大家都知道，李先生的提议就是否决掉他的计划。

对于听众来说，不管这些人用什么样的话来包装，只要不再坚持原来的观点，就说明他们的立场已经改变了。

那些善于改变立场的人就像是一个身姿优美的滑冰运动员一样，优雅地从场地的这一端滑到了那一端，人们一点也不觉得突兀。当他改变了立场之后，人们对他原来立场所做的批评和指责就都没有了基础，他也就有了翻身的机会。即使有人还想要指责他，也必须从这个新的立场出发，而和原来的立场没有了任何关系。

领导者是最善于改变自己的立场的，而且做得干净利索，一点都不拖泥带水。我们知道，大到政府，小到企业，决策必须要有连贯性，不能换一任领导就换一个制度。对于一个领导者来说，他的观点就是制度的体现，如果他的观点改变了，也就意味着承认原来的规定是错误的；如果原来的规定是错误的，那么民众就有理由怀疑现在的规定也有可能是错的，这种现象对于一个企业来说是大忌。既然政策整体不能改变，那么就要从不同的立场来解释这个政策，这对于一个成熟的领导者来说就属于基本功了。为了政策的延续，改变原来的立场又有什么困难的呢？

当然，改变立场并不是什么错误，如果我们原来的观点不对，就应该听从别人的意见，走到正确的道路上来，这样就是“知错能改”“从谏如流”。从根本上来说，人们会改变立场的大部分原因是为了保护自己，不让自己成为团队中被孤立的人。

如果我们相信自己的观点是正确的，当大家都反对的时候也不要一味地坚持，可以告诉大家“我尊重你们的选择，但是我保留自己的意见”。这也是改变了原来的立场的行为，虽然这种改变无法立刻说服其他的人，但是可以有效地缓和紧张的气氛，让谈话能够进行下去，等到条件成熟了，有了新的机会时再来说服大家，而这个时候大家通常都会更相信你的判断。

一味地固执己见的人是不受大家欢迎的，为了保护自己，我们最好都要学会适时地改变自己的立场。如果你不能在大家面前自如地转换，那么最好在家里对着镜子练习一下。

远离倾向性问题的陷阱

有些演讲者会说："众所皆知……"，或者"显而易见……""不可否认……"，看起来是那么的理直气壮，给人感觉他说的都是对的，不知不觉就同意了他的观点。不过你知道吗？大部分时候，一个人这样说话，往往是心虚的表现，试图让我们的思路顺着他的逻辑去思考，从而回避掉某些他不愿意涉及的问题。

在听别人说话的时候，我们必须时刻保持头脑的冷静，每当对方有了上述一类言辞的时候，不仅不能完全认可，还要更加警惕。因为这时候对方就是在告诉我们，"大家都相信、认可我，你也要相信和认可"，企图在潜意识里让我们放弃自己的立场，赞同对方的观点。

生活中这种带有倾向性的语言随处可见。就像某位妻子又买了一件较贵的衣服，害怕老公说她，就拿着衣服对老公说："你看这件衣服多漂亮，多适合我，才花了 1000 块，真划算，对吧？"她就是试图让老公说"对，一点都不贵，你真有眼光"。

还有“你根本不是这么想的吧？”“这种说法不正确吧？”“你不认为这种方式是合情合理的吗？”等，都是非常具有倾向性的，让听的人不知不觉就跟着说话者的思维走了。

销售人员，特别是贵重物品的销售人员都是使用倾向性语言、善于诱导提问的高手。例如，在买房子的时候，当客户了解了所有的条件，还在犹豫是否要买的时候，销售人员会这样问：“哥（姐），您看咱什么时候把意向书给签了？”其实这个问题有个前提，就是客户愿意签意向书了，才能谈到“什么时候签”，然而销售人员说话很有技巧，他根本就没有问客户“愿不愿意签”，而是直接问“什么时候签”。这样在客户听后，也会下意识地不再考虑“愿不愿意签”，而是想着“反正意向书早晚都要签，那就现在签了吧”。于是销售人员的愿望达成了！

与此类似的还有这样一个小故事。约翰非常喜欢索菲亚，可是索菲亚脸皮薄，如果约翰直接说出来，索菲亚肯定会拒绝。约翰想了又想，终于有了一个好主意。这天他找到了索菲亚，说：“约会的时候，我能用自行车载着你吗？”索菲亚回答道：“当然可以呀！”在这个故事中，约翰的问题同样有了前提，那就是只有索菲亚同意了和他的约会之后，才能谈到能不能载她的问题。然而约翰很有技巧地回避了这个前提，这样听起来就好像不是在谈约会的问题，索菲亚也就容易接受了。

日常生活里这样说话是一种艺术，然而在法庭上就不行了，法庭讲究的是逻辑严密，不能提出任何带有倾向性或者假设前提的问题。如果有人提出了这样的问题，对方的律师马上就会提出抗议，请求法官同意不回答这样的问题。例如，那个经典的句子“你现在还打你的妻子吗？”就是一个典型的诱导性提问，如果对方回答了这个问题，就落入了陷阱里，不管他说的是“打”还是“现在不打了”，其实就已经默认了他以前打过妻子，对他都是非常不利的。

在工作和生活中，如果有人用这样的方式和你说话，那就要提高警惕了，要么他有什么问题不愿意让人知道，要么有什么目的，试图诱导你说出他所需要的话。

Chapter 4

逻辑洗脑术

灌输你的价值观

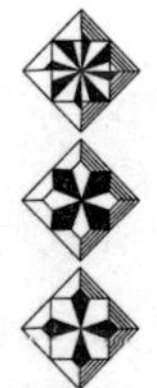

为什么要进行逻辑洗脑?

有些逻辑是极具欺骗性的，人一旦相信了这种逻辑，就会做出错误的判断，原本光明无限的前途甚至会变成万丈深渊。这种后果听起来令人毛骨悚然，但是深陷其中的人却并不能觉察，因为他们是一步步地滑进这个万丈深渊的。我们通常称之为“逻辑洗脑”。

逻辑是思考的基础，也是一切观点的基础，然而当身在其中的时候，还能够清醒地记得这一点的人实在是少之又少，这也是许多人加入传销和邪教组织的原因。传销的组织者总是描绘出一番美好的愿景，并且告诉大家自己已经走在了成功的道路上，取得了多么大的成果。虽然也有人对传销者的话产生了怀疑，但是已经有一些成功的例子放在前面，也就不由自主地打消了疑虑，转身投入到传销的“大业”上来。这就是因为他们相信这个逻辑是正确的，所以觉得按照这个逻辑推导出的结果也是正确的。

邪教组织的做法显然就要比传销更胜一筹了，它们从来不去告诉人们什么该做、什么不该做，而是教导人们如何去“思考”，也就是遇到问题和困难的时候应该采取什么样的态度。一旦人们认可了他们的观念，那么自己的思想也就被邪教控制了，这样，当有了问题的时候，不用组织者说，教徒们也会采取组织者希望的方式来应对。

从某些角度来说，我国古代的思想家、教育家孔子也堪称一位伟大的“洗脑大师”，他成功地用自己的思想影响了中国 2000 多年。我们可以看到，孔子留下的经典中从来没有具体的做事方法，全部都是形而上的哲学问题，教导人如何完善自己的品行。在漫长的封建社会里，人们学习的是孔子的思想，考试的内容是儒家的典籍，只有把孔子的思想彻底掌握了才能成为国家的管理者，才能实现自己的抱负。然而，当一个人彻底掌握了孔子的思想，也就意味着这个人成了孔子的信徒，分析问题、解决问题的时候也就不由自主地按照孔子的观点去分析、去解决。

许多公司也采取逻辑洗脑的方式来培训员工。在员工的培训中，培训者会强调一些诸如“企业文化”之类的东西，目的就是为了让员工抛弃掉自己原有的思维，转而采取他们的思维方式来思考，这样当问题产生后，员工就会自动地选择对企业最有利的方式来解决问题。对于一个企业来说，采取这种方式可以让员工拧成一股绳，可以让企业减少许多管理成本，能够让企业更加高效、快速地发展，无疑是一种行之有效的方法，然而有些企业就不是这样了。例如，有些企业会给员工灌输这样一种观念：我们在这里并不完全是为了获得物质上的收益，而是为了学习到做人的道理、学习到更多的知识，其实这种企业最终的目的就是为了让员工在收入不足的情况下，仍然甘心情愿地为企业做贡献。然而对员工来说，他不仅是这个公司的员工，同时也是家庭中的父母、妻子或者丈夫，如果没有了物质上的追求，谁又能保证他们的正常生活呢?

如何用一句话迅速洗脑?

我们经常会看到这样的场景：两个人在那里争论得面红耳赤，谁也不同意对方的观点，这时候另外一个人走了过去，简简单单地一句话就将他们的争吵平息了下来。为什么这个人如此神奇？难道他有传说中的魔力吗？其实并不是这样，只不过这个人懂得说话的艺术，抓住了矛盾双方的心理罢了。

想要一句话就打开新的局面，首先要知道“说什么”，也就是要完整、明确地表达出自己的意愿，主要有以下几个要素：

- 在关键的时候说出自己合乎情理的要求。
- 不伤情面地拒绝对方。
- 不隐瞒对对方的不满和批评。
- 知道自己不对的时候要及时道歉。
- 明确地告诉对方赞同他的意见。

· 明确地告诉对方反对他的意见。

· 表现出自己的“存在感”。

在人和人的交流中，一句话是否到位或许就决定了成败。因为交流的目的就是为了让对方明白自己的诉求，从而使双方都能在一定程度上达成自己的目标。能够完整、准确地说出自己的意思，目标就实现了一半。值得注意的是，无论自己的话多么动听、多么理由充分，都要认真地听取并尊重对方的意见，这样才能在最大程度上获得对方的理解和认同。

知道了“说什么”，还要学会“怎么说”，在日常生活中，“怎么说”要比“说什么”更重要。同样的一句话，采用不同的方式说出来，所取得的效果也是截然不同的。

《战国策》中有一个“触龙说赵太后”的故事，就是一个明显的例子。赵国在秦国的攻打下危在旦夕，于是就向齐国求救，然而齐国却要求必须让赵太后最喜欢的儿子长安君作为人质才会发兵。赵国的大臣认为这个要求不过分，纷纷要求赵太后同意让长安君去齐国当人质，然而赵太后担心儿子的安全，不愿意这样做。最后赵太后生气了，当着众大臣的面说：“谁再说让长安君当人质，老婆子我啐他一脸！”

这样事情就弄僵了：如果不让长安君当人质，齐国就不会发兵；齐国不发兵，赵国就会灭亡。然而赵太后的态度又如此坚决，该如何去劝她呢?

最后还是左师触龙有办法，他从家长里短开始说起，谈到父母对儿女的爱和照顾，于是赵太后的态度从“盛气而揖之”到“色少解”，再到“笑曰”。等到赵太后的情绪平静下来了，触龙却话题一转说赵太后更喜欢燕后（赵太后的女儿，嫁给了燕王），而不喜欢长安君。赵太后很惊奇，就问为什么，于是触龙就从国家和私人的角度说明了，如果长安君到齐国当人质，对长安君来说是立功的机会，最终成功说服了赵太后。

在这个故事中，触龙紧紧抓住了两个要点：一个是“兴趣”，另一个则是“信服”。如果不知道对方的兴趣在哪里，双方的交流就无法继续下去；如果不能让对方信服，自己所说的一切就成了无用功。说服对方的最高境界就是既达到了自己的目的，还让对方产生继续交流的愿望，为下一次的交流做好了准备。

此外还有一个因素要注意，那就是说话的时机。人对事物的第一印象是最深刻的，一旦有了某种观念就很难改变。就像一群人在讨论某个事物的时候，第一个人的发言总是能获得更多的拥护，除非后面有人用有力的证据说明第一个人的提议是错误的。这就是第一印象的重要性，因为他的发言是第一个出现的，占据了听众心中最大的位置，即使后面出现能够与之相媲美的发言，听众也不会给予更多的关注。

知道“说什么”，又知道“怎么说”，而且能够在关键的时刻说出去，那么你也能够用一句话产生巨大的影响。

如何回答你不愿意回答的问题?

据说恋爱中的女性总喜欢问男友一些“愚蠢”的问题，例如，如果我和你妈妈都掉进了水里，你是先救你妈妈还是先救我?相信每个男人听到这个问题的时候都会非常头痛，因为这个问题根本就无法回答，不管选择哪一个都是错误的，只好要么不回答，要么顾左右而言他，结果让女友很不高兴。

不仅恋爱中会遇到这些难以回答的问题，生活中这样的问题更是屡见不鲜。例如，一个你无法直接拒绝的人问了你一个问题，而这个问题涉及隐私或者机密，这时场面就很尴尬了，回答不是，不回答也不是。那么，对于这种不想回答的问题，我们又该如何处理呢?有没有人能够不回答对方的问题，而又不得罪人呢?

其实，各国外交部门的发言人都是这方面的高手，他们总能轻描淡写地化解记者尖锐的提问，听起来他们说了很多话，然而当你仔细分析的时候，却发现他们对记者的提问什么都没有回答。

当然，作为一个普通人，我们无法做到像外交部发言人那样滴水不漏，但是仍然有许多的技巧可以让我们巧妙地回答问题或者回避问题，从而摆脱尴尬的局面。

美国前国防部长罗伯特·麦克纳马拉曾经说过：“当人们遇到了不愿回答的问题时，往往会岔开话题，去回答另一个问题。我的意思是说，你不要回答别人问你的，而是回答你想回答的！”当然，这种“顾左右而言他”的方式有点太直接了，显得有些不够礼貌。我们还可以采取另外一种方式——转移话题策略，即去正面地回答相似的问题，使对方难以回忆起刚才的问题。当对方的注意力集中在社会性的目标或是没有明确目标时，更难发现回答者已经避开了问题。这个策略是由高德公司、哈佛大学肯尼迪政治学院的罗杰斯教授、哈佛商学院的诺顿联合提出的，可以广泛地运用于社交领域。

如果能够把这个策略领悟透，并且熟练地运用，相信不管是在什么样的场合，都不会再有难住你的问题。使用这个策略有四个原则：

·回答的内容必须有一定的信息量，并且有提问者愿意接受的和你自己想要表达的信息。

· 态度要诚恳，不要采用虚伪的言辞，更不能欺骗。

· 交流时要采取适当的方式，既不能蛮横无理也不能软弱逃避。

· 表达的内容可以脱离对方的问题，但是不要离题万里，没有一点联系。

不过，我们要声明的是，这些原则并不是欺骗，而是属于说话的技巧，既表明了不愿意回答对方问题的态度，也不至于让对方因为生硬的拒绝而难堪。这种做法和足球场上的假动作是一样的性质，在不违规的情况下使对方产生误判。

在生活和工作中，这些原则我们可以用在与同事和上下级的交流上。当对方提出问题而我们无法回答的时候，可以试着用这样的技巧来回避，不仅可以保住我们的机密或者隐私，也不至于陷入不利的局面，而且对方还能够得到一些有用的信息，既可以满足他们的部分需求，还可以避免尴尬。

如何用逻辑灌输你的价值观?

强大的意志是成功的一个要素。什么是意志呢？意志就是人自觉地确定目的并支配行动，克服困难，实现目的的心理过程。因此有人从这个角度出发，说意志是成功的信念，本质上是人对自己的深度催眠。

在我们看到的那些名人传记和成功的故事中，很多地方都谈到了是坚定的信念才让主人公取得了成功，许多公司的培训教材中也都告诉自己的员工，只有坚持做下去才会成功。其实，这就是向人们传达一个逻辑：只要努力坚持下去，就必然能够取得成功。很多人都认为这个逻辑是正确的，为了实现自己的目标，他们放弃了常人无法割舍的东西，持之以恒地努力工作，直到在某个领域取得傲人的成绩。

成功的因素有很多，坚定的信念无疑是其中比较重要的一个。通往成功的道路从来都不是康庄大道，而是崎岖蜿蜒的山路，中间还有着无数的艰难险阻。我们可以肯定，走在这样一条道路上必然伴随着无数的痛苦和煎熬，而躲避痛苦是人的天性，于是太多的人会找到各种借口避免受到这些痛苦，这样的人自然也就无法取得成功。

有着坚定信念的人通常看起来都是比较固执的，甚至可以用偏执来形容。当他们确定目标之后，就会不顾一切地去追求成功，不管什么困难都无法打消他们成功的信念，他们会想尽一切办法来克服这些困难，这也就是信念的积极作用。

个人如此，一个企业想要发展得更大、更强也要如此。作为一个企业的领导者，他必须要制订一套符合企业发展的、能够让员工完全理解的价值观，并且让自己的员工认可这个价值观，这就是我们常说的“企业文化”。每一家世界闻名的公司都有着自己成熟而又独特的企业文化，并且持续地向员工灌输这种文化。

曾经有人这样评价世界著名的动画王国迪士尼公司的创始人沃尔特·迪士尼：“沃尔特不是骗子就是天才，不是伪君子就是典范，不是江湖郎中就是世世代代儿童热爱的老爹。”为什么会有这些大相径庭的评价呢？就是因为他是一个信念非常坚定的人，近乎偏执地长期向世人灌输他的理念，疯狂地对他的员工进行近乎苛刻的塑造。然而也正是如此，迪士尼才形成了自己的经营理念，从一个名不见经传的小公司发展成为娱乐动画行业中不可超越的存在，成为每一个娱乐公司效仿的榜样，每一个迪士尼的员工都为自己成为这个企业的一员而感到骄傲和自豪。

沃尔特·迪士尼去世后，迪士尼公司进入了低谷，整整15年的时间没有任何发展，而且面临着竞争对手的恶意收购。然而他的继承人坚信沃尔特·迪士尼的经营理念是正确的，虽然面临着种种的困难，仍然没有放弃对员工的塑造，最终迪士尼又站了起来，再一次成为行业的标杆。

迪士尼公司对新员工的培训也有着自己的特色。培训的教室是专门设计的，四周的墙壁上贴着沃尔特·迪士尼的肖像，还有米老鼠、白雪公主和七个小矮人等迪士尼动画中的知名角色；培训的教材是请专业人员编写的，介绍的是迪士尼公司的特点、传统以及对神话的认识；培训师也是精挑细选出来的，用很有特色的语言，反复提问接受培训的人。

经过这样的培训后，每个人在脑海里就会牢牢地记住迪士尼的宗旨——迪士尼给人们带来欢乐，这个记忆会和他们的血液融合起来，直到生命的终结。在他们以后的岁月里，总有一个声音提醒他们：你的责任就是给人们带来快乐。当他们筋疲力尽的时候，他们就会回忆起培训教材中的话："我们的工作会让我们感到劳累，但是我们从来都不会对工作感到厌倦。即使日子再辛苦，也要表现出自己的快乐，带着真诚的微笑。"

能够将自己的理念灌输给别人的人是了不起的，他们堪称是世界上的魔法缔造者。他们可以让一个平凡的人变成一个天才，可以让一个懦弱的人变成一个英雄，可以让一个遇难则退的人变得百折不挠。

现代的企业对此有着最深刻的体会，所以大部分公司都会对新人进行入职培训，把自己的员工教育成一个拥有责任感、自信心、合作精神、正直勇敢等优秀品质的人，让他们的个性接近完美，使他们的能力得到提升。

如何让某种观念变成“条件反射”？

在企业的培训中，培训师通常都会告诉大家，遇到了某种事件应该采取何种解决方式，并且要求大家牢牢地记在心里，目的就是为了让人们在遇到突发事件的时候，能够本能地去执行最佳的方案。对于一个企业来说，如果所有的员工都把企业的观念当成了自己的观念，遇到事情时都能够按照对企业最有利的方式来处理，无疑这个企业的培训是非常成功的。

然而事情并不像我们想象的这样简单，因为观念的本质就是人的意识，而人的意识是最难把控的，谁也不可能主宰他人的意识。每个人的意识都是自己独有的，是人对现实世界的一种高级的心理反应，是生命的自我体现。只有有了意识，才能让我们认识到自己是否存在、知道在自己身上发生了什么、知道周围发生了什么，才能够知道自己和周围的人或者事物有什么区别。

也有人说意识就是一种生命能量，既然是生命能量，那它就可以流动，所以作为载体的大脑才可以思索各种问题，才可以指挥人类进行各种行为。

哲学教授约翰·希尔勒则认为，意识就是“从无梦的睡眠醒来之后，除非再次入睡或进入无意识状态，否则在白天持续进行的知觉、感觉或觉察的状态”。

意识和习惯一样并非一成不变，我们可以主动去改变我们自己、他人甚至是动物的意识，让它变成我们希望的样子。据说有一个驯养动物的高手，看到训象人用一根细细的链子就可以拴住大象，感到非常好奇，就问训象人有什么诀窍。训象人告诉他，在大象还是一头小象的时候，自己就用这条链子拴着它，因为小象当时还很小，虽然也多次试着摆脱链子的束缚，但是因为没有足够的力气，自然也就无法把链子挣断。久而久之，小象也就有着“我是无法挣断这条链子”的意识，后来虽然小象长成了大象，可以轻轻松松地挣断链子，但是“我是无法挣断这条链子”的意识已经根深蒂固了，所以大象从来没有想过去把链子挣断。

于是，驯养动物的这个人就得到了启发：如果我让一只老虎从小就吃素，根本就不让它吃肉，那它是不是就不会吃人了呢？这个人说干就干，马上就捉了一只正在吃奶的小老虎，在断奶之后只让它吃素，从来不碰半点肉腥。他的试验成功了，当老虎长大之后，果然只愿意吃素食，对所有的动物都不感兴趣。

从这个寓言故事里我们可以得到这样一个结论：意识是可以改变的，而且可以牢固地、长久地保持下去。就像大象一样，当它有了“我是无法挣断这条链子”的意识后，就根本不会产生“摆脱链子的束缚”这种新的意识。而老虎则是从小就吃素，也不会产生“人可以吃”这个意识。

意识、观念是人的思维活动，而外部的表现就是习惯。当形成某种习惯后，遇到了类似的情况就不会再去思考如何处理，就像“条件反射”一样，脑海里直接就会浮现出处理的方式，并且不由自主地就按照既定的模式执行下去。

总的来说，如果我们能够培养出越来越多好的意识，我们的工作效率就会得到提高，成功的概率也会比以前更大，因为我们已经在脑海里建立起了一系列的正确应对各种情况的“条件反射”，尽可能地排除了那些不利于取得成功的行为。

如何漂亮地处理突发状况?

生活和工作中经常会出现一些突发性事件，如果应对得不好，轻则会让自己陷入尴尬的境地，重则会让自己的事业遭遇严重的挫折，因此能否漂亮地处理突发状况，就体现了一个人的智慧和能力。

曾经有一个人，我们姑且称他为甲先生吧，因为投资失败破产了，从豪华的别墅搬到了便宜的出租房，代步的工具也从跑车变成了电动车。然而他并没有因此而灰心丧气，仍然努力进取，以争取有一天能够东山再起。他的朋友们从来不在他面前提到这些事情，免得刺激到他本来就已经伤痕累累的心灵。

有一次，甲先生带着妻子参加朋友们的家庭聚会，有个朋友新婚的妻子不太了解情况，看到他们骑着电动车感到非常奇怪，就脱口而出问道："你们怎么骑着电动车来呀？难道不冷吗？"当时本来热火朝天的场面顿时就冷了下来，知道内情的人都面面相觑，心里暗暗埋怨这个女的说话不过脑子，这不是往人家的伤口上撒盐吗?

甲先生的妻子却显得毫不在意，笑着说：“因为我想抱着他，所以我们就骑电动车了呀！”这句话逗得大家哄堂大笑，原本尴尬的气氛也缓和了下来。

有人在这个故事里看到的是妻子对丈夫的不离不弃，而我看到的却是这个妻子的智慧和随机应变的能力，她用一句看似开玩笑的话扭转了局面，既不至于说出实情让自己难堪，也不至于影响大家的交情。

想要漂亮地处理突发状况，就不能惊慌失措，要平静地面对它，及时、准确、有效地表达出自己想要表达的关键信息，体现出某种积极的力量。

同时还要注意，不要对问题进行过多的修饰，更不要试图去掩盖问题，是否能够解决问题就在于是否能够完成思维的转变。

如何达成下一步?

在商业谈判的时候，有些人用严密的逻辑、雄辩的言辞、无可争议的事实让对方哑口无言，但是始终无法让对方同意下一步的合作，这就是没有找到对方的需求点。对于合作来说，说服对方的重点并不是表现自己的正确，而在于如何让对方知道在合作中会得到什么，他所得到的回报是否达到了原先的期望，只有双方都知道能够从合作中得到足够的利益，合作才能够成功。

一个善于说服别人的人，他不会故意炫耀自己过人的说话技巧，而是用对方能够理解的语言说出自己的观点，传达给对方自己想要让他知道的信息。当双方都感到需要同对方合作的时候，一切也就水到渠成了，于是双方的手握在了一起，举着酒杯笑着说："合作愉快！"这才是真正的成功。

爱尔兰有一个故事，说的就是了解对方需求的重要性。天马上就要黑了，可是小牛犊仍然在草地上吃草，不肯进牛圈，于是父亲在前面拉、儿子在后面推，试图把它给弄进去。可是小牛犊倔强地站在那里一动不动，不管父子俩费了多少力气，说了多少好话。这时候母亲发现了，就走过来把手指放进小牛犊的嘴里，只见小牛犊一边吮吸着手指，一边随着人的脚步走进了牛圈。

为什么这个母亲轻轻松松地就把小牛犊哄进去了呢？就是因为她知道小牛犊想要吃东西，所以她就满足了它的需求，小牛犊吮吸着手指，就像吃东西的感觉，也就满足了她的需求，乖乖地进入了牛圈。

如果抓不住对方的需求点，滔滔不绝的演说只能让对方感到讨厌，甚至会觉得你是在浪费时间，不但不能促成下一步的合作，反而起到不好的作用。

小李是一家公司的销售代表，有一天他去拜访一个重要的客户。到了客户那里，简单地寒暄后他就开始介绍公司产品的优点。然而他没有注意到，刚开始的时候客户还非常感兴趣地听着他的介绍，但是随着时间的推移，客户的目光开始游离，转移到了其他地方。显然，客户关注的重点并不是产品的质量和优点，而是“我为什么要买你的东西”。而小李对此并未察觉，仍然在兴奋地按照原来的计划进行介绍。又过了一会儿，客户终于不耐烦了，皱着眉头说：“辛苦你了，贵公司的产品确实不错，不过我们暂时还不需要。等有需要的时候我会联系你的。”然后很客气地送走了小李。

这就是一次失败的销售，原因就是小李没有设身处地地去想客户的需求是什么，既然不知道对方真实的想法，自然也就无法获得成功。

由此可见，懂得观察对方在细节上面的表现，从而判断出对方需要什么，然后在保证自己获得利益的前提下对症下药，才能获得对方的认可，才能达成合作。

话里有话，如何运用一个词表达两重意思？

有时候我们会遇到这样的情况：某个朋友做事的方法不对，要是直接告诉他不对，会让他没有面子，如果不告诉他，显然不符合朋友的道义，这时我们就要委婉一些，以“话里有话”的方式来提醒他，这样既保住了他的面子，还让他知道自己的做法是不妥的，需要及时改正。

不仅是这种情况下要采用“话里有话”的方式，在人际交往中，很多时候也无法直白地把话说出来，不然不仅无法拉近和对方的关系，还有可能让对方恼羞成怒，失去继续沟通的机会。就像一位上司对某件事的看法是错误的，还非要让下属对他的看法进行评价，如果下属直接说“你这个看法不对，不符合正统的世界观和人生观”，这样定会让上司觉得很没有面子，如果上司是心胸狭隘的人说不定还要找机会挟私报复；不过如果换成“你的这个看法很独特啊，大部分的人都不会想到，竟然还可以这样来理解这件事”。如此一来，上司在颜面有光之余，也会去想“大家的看法都和我不一样，是不是我错了？”所以，想要达到同样的目的，不一定非要直截了当地说，情商高的人会非常委婉地把话说得恰到好处，隐晦地把自己的意思传达给对方，这样即使对方不同意，也不至于让双方都下不来台。

鲁迅先生就是一个善于“话里有话”的人。在那个时候，政治环境是很恶劣的，白色恐怖笼罩在人们头上，有时候一句话说错了就会引来当局的封杀和逮捕。鲁迅先生对这种高压统治深恶痛绝，然而在屠刀的威胁下他同样也不敢直接说出心中真实的想法，于是他就采用话里有话的方式来发表自己的作品。在他的杂文和散文里，我们经常会看到这样的语句，表面上好像是歌颂，但是如果仔细去品味，就能够体会到先生的嬉笑怒骂和讽刺挖苦。如《藤野先生》一文中对中国留学生留辫子的描写：“……更像小姑娘精心盘起的发髻，脖子还要扭上几扭，看上去真是标致极了！”辫子代表的是腐朽和落后，而当时中国在日本的留学生却不以为耻反以为荣，鲁迅非常失望和愤慨，就用这种“话里有话”的手法表达对这种现象的反感。

善于“话里有话”还能够打破僵持的局面，起到意想不到的效果，著名的比赛解说员黄健翔就曾经用这种方法成功采访了荷兰的当红球星路德·古利特。

据说古利特刚看见黄健翔就把话说死了，他说：“我不喜欢记者，也不会接受任何采访！”黄健翔的心马上就凉了半截，这下不好办了，个人的面子倒是小事，回去后怎么跟领导和球迷交代呢？由于古利特的话十分直接、尖锐，旁边的工作人员一时也不知道如何接话，当时的场面非常尴尬。

不过黄健翔也是久经沙场的高人，他脑子转得很快，马上接过来说：“您误会了，古利特先生。我今天不是来采访的，而是替中国的球迷送来他们的祝福。”说着就从随身的包里拿出厚厚的一沓信。

古利特看到了那些信，态度就有了缓和，黄健翔马上趁热打铁，说：“这些信都是您的中国铁杆球迷写的，他们委托我亲自转交给您，以表达他们对您深深的祝福。”

古利特彻底放松了，感慨地说道：“原来是这样呀，我太感动了，中国的球迷真是热情呀！”

黄健翔这时候却说了一句谁也没有想到的话：“不过，中国的球迷都觉得您太傻了！”

这句话一说出来顿时满堂大惊，所有的人都不明白，一向精明强干的黄健翔为什么会说出这样失礼的话。古利特也有点懵了，下意识地随口问道：“哦，这可太遗憾了！不过他们为什么会这样想呢？”

黄健翔一本正经地说：“他们觉得，您既然已经是一位国际知名的大球星了，为什么还要为了把球踢得更好而努力呢？甚至连周末的休息时间也用到了锻炼上，这不就是证明您‘傻’的证据吗？不过，他们就喜欢这样的‘傻子’，您越‘傻’，他们就越喜欢！”

周围的人都长出了一口气，心想这个黄健翔是来了一个神转折呀！古利特一听，这哪里是说他“傻”呀，这是在表扬他敬业呢！高兴得嘴都合不上了，笑着说：“哎呀，中国的球迷太幽默了！麻烦您回去后转达我对他们的问候，替我谢谢他们！”

黄健翔一听就知道机会来了，马上见机行事地说：“当然没问题。不过中国的球迷们还有几个问题想要问您，您看现在方便吗？”

古利特这时候已经没有了任何的戒心，好像完全忘记了自己刚才说过的话，侧身让开一直堵着的门，伸手示意黄健翔进去，还说：“当然可以，我乐意之至。”

黄健翔是很聪明的，他从古利特当时的话语、动作和表情上就可以看出，这个人对记者和采访有着很强的抗拒心理，如果像普通的记者那样死缠烂打必定毫无用处，而且会让双方的关系恶化。于是他就剑走偏锋，用自己巧妙的语言和诚意打动了对方，从而使采访顺利地进行了。在他的这番话里，点睛之笔就是那个“傻”，古利特怎么也不会想到，竟然会有人说他是个傻子，这在让他有点生气的同时，也产生了好奇和不服气的心态：你凭什么说我傻呀？这就给了黄健翔继续说话的机会，随着黄健翔将话说圆，也就皆大欢喜了。

Chapter 5

逻辑听话术

发现事实的真相

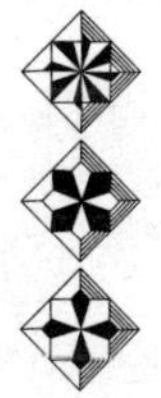

如何分辨对方是不是说真话?

谎言几乎无处不在、无时不在，大到国家间的交往，小到夫妻间的情话，往前可以上溯到茹毛饮血的原始社会，向下可以延伸到科技发达的现代。几乎可以说，从语言诞生的那一刻起，谎言就随之而生。

在生活中，我们必须具有能够分辨出哪些是真话、哪些是谎言的能力，才不至于受到别人的欺骗。那么，什么是谎言呢?

在汉语词典中，对谎言的定义是“在知道事实的前提下，以欺骗别人为目的，说出不同于事实的话”。简单说，谎言就是假话，说话的人明明知道真相是什么，却制造出一个虚假的现象来迷惑对方，试图让对方做出虚假的判断，而达到某种不可告人的目的。

现实中的谎言显然要比书面上的定义要复杂得多。虽然我们都会教育孩子不让他们说谎，但是生活中每个人都会说一些谎言，只不过有些谎言是恶意的，有些谎言则是善意的。

一位脸色苍白的老人在家人的搀扶下来到了医院，医生详细地检查后告诉他：“老人家，您这是小病，想吃药呢我就开一点，不吃药也可以，回家休息几天就行了。”老人如释重负，可是医生随后就把他的家人拉到一边说：“老人已经病入膏肓了，赶紧准备后事吧。”

这个医生显然说谎了，但是我们却无法指责他做得不对，因为如果他告诉了老人真正的病情，就会给他造成很大的精神压力，在不知道真相的情况下或许还可以坚持一段时间，如果知道了真相，很可能精神就垮了。

恋人或夫妻之间同样也需要谎言。如果你的女友问你：“我今天漂亮吗？”哪怕她今天打扮得再不好看，你也必须说“漂亮”，如果你说的是“不漂亮”，相信今后几天的日子你都不会好过。说她漂亮，哪怕女友知道你是骗她的，心中也会非常高兴，这就是情侣之间的情趣，是不是谎言显然并不是那么重要。

这些善意的谎言当然是应该说的，即使被揭穿了也无伤大雅，可是那些恶意的谎言就令人痛恨了。有些人说的话真中有假、假中有真，有些人说出的谎话简直比真的还要合理，我们又该如何去区分呢？

最好的武器就是逻辑。很多谎言都是经过精心谋划的，里面含有大量的信息，真真假假错综复杂，如同一团乱麻般难以分辨，如果听者没有耐心去一一梳理，必然会信以为真。最好的办法就是平心静气地听对方说下去，对这些信息进行比较，如果里面有不符合逻辑的地方，那么就可以判定对方说的是谎话。

假设法就是一个很有用的方法，可以让我们在说谎者编织的谎言中找到不合理的地方，从而识破对方的谎言。下面这个故事就是一个很好的例子。

公司里的小张是一个能说会道的女孩，但是虚荣心很强，还喜欢搬弄是非，经常在同事之间挑起事端。小刘生日的时候，她的男友送给了她一盒很名贵的茶叶，小刘觉得很有纪念意义，一直都不舍得喝，只是有空的时候拿出来闻一闻，更不用说跟同事们分享了。

这一天小刘有事出去了，小张端着一杯异香扑鼻的茶水来到了小刘的闺蜜小李面前，一边喝茶一边夸张地说："你看小刘真是太客气了，我都说不喝了，她还是给我泡了一杯她的好茶。你们俩是好朋友，你也经常喝吧？"

小李抬起头看了看她，嘲讽地说道："你把小刘的茶叶盒放好了没有？可千万别让她知道你偷喝了她的茶叶，不然她肯定会骂你的。"

小张听了，脸上一阵红一阵白，最后讪讪地回到了自己的座位上。旁边有的同事很奇怪，就问小李："你怎么知道她偷了小刘的茶叶？"

小李笑了笑说，“你想啊，以她喜欢炫耀的性格，如果真的是小刘让她喝的，必定当时就出来显摆了，还用等小刘走了才来我这里？所以她肯定是偷喝的！”

在这个故事中，小李听了小张的话后并没有生气，因为她知道小张是什么样的人，如果生气就中计了。她平心静气地推理，假设真的是小刘给的茶叶的话，按照小张的性格，不会有这样的表现，这就说明小张说的是假话。所以，当我们对听到的话感到迷惑的时候，不妨就假设一下正常的情况下应该是什么样子的，如果和听到的话有了矛盾，就说明听到的是假话。

我们知道，真和假是不能同时共存的，只要说的话里面有了矛盾或者冲突，就证明说的是谎言，至少部分是谎言。

只要我们注意观察，善于用逻辑来分析，任何谎言都无法蒙蔽我们的双眼。

前提变了，结论未必改变

曾经有人提出这样的观点：“在任何情况下，前提都是论证的基础。如果前提不对，即使论证的过程精彩纷呈，得到的结论也不会是正确的。”这个观点听上去很有道理，以至于许多人都把它当成了驳斥别人的论据。不过，如果我们仔细推敲，就会发现其中的因果逻辑关系并不存在。

我们都知道，没有前提就无法得出结论，但是这并不代表错误的前提就无法得到正确的结论。例如“下雨时天上有云”这个命题，它的前提是“下雨”，结论是“天上有云”。如果我们把前提改变一下，改成“不下雨”，是不是结论就变成了“天上没有云”呢？显然是不可能的，因为阴天、多云等天气的时候天上也是有云的。从这个命题我们就可以得知，改变前提并不代表结论也得改变。

我们在中学的时候，代数这门课程中有一个叫作“反证法”的概念，定义是“如果某个命题成立，那么，它的逆命题或否命题就不一定成立，但逆否命题一定成立”。就像上一个例子，如果我们把它变成逆否命题，就成了“天上没有云就不会下雨”，这个命题成立，说明原来的命题“下雨天上有云”也是正确的。所以“反证法”可以作为我们判断某个命题的前提是否正确的工具。

世间的万事万物都有着联系，但并不是说它们之间的联系都是因果关系，所以即使是有联系的两个事物，我们也不能把一个现象当成“因”，由此推论出发生的另外一个现象就是“果”。再举一个例子，“打开开关灯就亮了”，这个命题无疑是正确的，但是我们分析一下“打开开关”是“灯亮”的根本原因吗？我们在生活中经常会遇到打开开关灯也不亮的现象，灯不亮的原因有很多，可能是停电了，也可能是灯坏了或者线路出了问题，所以“打开开关”和“灯亮”之间根本就不是因果关系。

此外，想要判断两个事物之间有没有因果关系，还要保证所有的前提条件都是一样的，如果前提不一样，它们之间同样也就没有了因果关系。就像甲乙两个人，同样的年龄，不过甲高中毕业就开始创业了，到了 30 岁的时候已经小有成就，成了一名企业家。而乙则上了大学，接着考研、读博，一直没有进入社会工作，个人财富比不上甲。那么，我们难道可以说“上学影响创业”吗？显然是不可能的！因为上学和创业之间并没有因果关系。

总结起来其实就是一句话：即使前提变了，也不代表结论就变了。

如何寻找话语里的“顶真定理”？

修辞学中有一个术语叫“顶真”，就是把前面一句话的最后一个字或词作为下一句话的开头，例如“大肚能容，容天下难容之事；开口便笑，笑世间可笑之人”“冰泉冷涩弦凝绝，凝绝不通声暂歇”等，这些句子给人带来一种特殊的美感。逻辑学中也有一个“顶真”，可是给人的感觉就没有这么美好了。

逻辑学中的“顶真”叫作“顶真定理”，意思是对事物的解释没有任何新意，总是用重复或者类似的定义说车轱辘话。简单地说，就是用A来解释B，然后又用B来解释A，如此循环不休，给对方的理解造成极大的困扰。

从本质说，逻辑学上的“顶真定理”是不肯解释或者不能解释，是一种逃避行为。在生活中，几乎每个人都有意无意地犯过这个错误。经过对大量“顶真”行为的归纳和分析，我们发现，人们通常会在以下两种情况下“顶真”。

首先，因为对某事物或者概念不了解或者了解不深，当别人问起的时候为了面子强行解释，也就是我们常说的不懂装懂。孔子说过“知之为知之，不知为不知”，每个人都有自己擅长的方面，也有自己不懂的方面，这并没有什么。但是如果有人问到自己不懂的问题，为了显示自己的博学而强行解说，就必然会导致顶真现象的发生。就像这个例子:

“爸爸，什么是爱情呀？”

“爱情就是两个人互相喜欢。”

“什么叫两个人喜欢呀？”

“两个人互相喜欢就是爱情。”

“我喜欢爸爸，爸爸也喜欢我，这是不是就是爱情呀？”

“这个不是，我喜欢妈妈，妈妈也喜欢我才是爱情。咱们两个是亲情。”

“那什么是亲情呀？”

“亲情就你喜欢我，我也喜欢你呀。”

这个例子中的父亲不知道“爱情”的定义是什么，但是又不想给孩子留下“爸爸连这个都不知道”的印象，于是就给了一个“爱情就是两个人互相喜欢”的解释。但是这个解释含糊其辞，所以当孩子问“什么叫两个人互相喜欢”的时候，他就回过头来用“爱情”去解释。然而当孩子又问起什么是“亲情”的时候，父亲对这“亲情”也不是多么明白，于是又一次地进入了顶真。这就是典型的为了面子而产生的顶真。

其次，说话的人对某事物或者某概念有充分了解，但是为了某种目的不愿意解释故意顶真绕弯子。这种情况多发生在撒谎的时候，特别是嫌疑人在审讯时的顽抗。就像这个例子：

警官问：“T－X5 号病毒是不是你制造出来的？”

嫌疑人说：“对不起警官，我不明白你是什么意思。”

“T－X5 号病毒，难道你不知道吗？”

“我从来都没有听说过这个名词，不知道这个东西能毒死人。”

“你既然没有听说过，又怎么知道它能毒死人？”

“我猜的。T－X5 号病毒应该就是一种编号是 T－X5 的病毒。”

“那我换一个问题。你给 A 国的元首喝了一杯混有 T－X5 号病毒的水，为什么他 10 分钟后就死在了会议室的门口？”

“不可能，喝了 T－X5 号病毒最少要过 20 分钟才能起作用。”

“那你为什么刚才还说对 T－X5 号病毒一无所知？”

嫌疑人为了摆脱罪名，在审讯中一直对警官的问题避而不答，用绕圈子的方式来否定 T – X5 号病毒和自己有关系，于是警官就另辟蹊径，终于让嫌疑人露出了马脚。

如果在生活中遇到了这些情况，我们该怎么办呢?

第一个对策就是直指问题的核心，要求对方给出明确的答案，不让他蒙混过关。

第二个对策是旁敲侧击。有些时候，或者是场合不对，或者是对方的身份比较高等各种原因，我们无法直指问题的核心，这时最好说一个小故事之类的，来提醒对方“我已经知道你在绕圈子，最好把真相说出来”。不过这个旁敲侧击的方法必须用得巧妙才行，说的小故事必须要和当前的话题具有相似性或者可比性，如果二者毫不相关，也就起不到提醒对方的作用了。

不过旁敲侧击这种方法要根据具体情况的不同而分别对待。地区不同、民族不同、文化背景不同、接受的教育不同，都会造成理解上的差异，就像我们中国人认为很好笑的一个笑话，外国人则根本不明白笑点在哪里一样，如果对方听不明白，无疑就是浪费口水了。在这种情况下，我们不妨回到第一条原则，有话直说，少与对方绕弯子。

到底是谁违背了排中律?

“矛盾律”规定指的是同一个时间内不能肯定两个彼此矛盾的命题。在逻辑学中还有一个“排中律”，说的是，两个彼此矛盾的命题不能同时被否定。例如，“所有的事物都是处于绝对运动状态中”和“某些事物不在绝对运动状态中”这两个命题，就必然一个是真的，一个是假的，如果我们认为这两个命题都是正确的，那就违背了矛盾律，如果我们认为这两个命题都是错误的，就违背了排中律。

在逻辑学中，在同一个时间内，某个事物可能具有某种属性，也可能不具有某种属性，根本就不存在既具有某种属性又不具有这个属性的情况。排中律说的就是这样一个逻辑概念。在我们考虑问题的时候，如果两个事物产生了矛盾，那么必然其中一个是“真”的，另一个是“假”的，除此再没有了其他任何的可能性。

生活和工作中我们经常会运用到排中律。在我们需要对某个事物做出选择的时候，一定要尽快地衡量各种得失迅速做出决定，如果一直犹豫不决，必然会产生不必要的损失，也就是我们常说的“当断不断反受其乱”。

遵义会议之后，中央军委决定以红三军团、红五军团在土城设伏，从而围歼追击红军的国民党军郭勋祺部，以保障下一步顺利北渡长江。不料，战斗打响之后才发现原来的侦查情报有误，郭勋祺部不是6000多人而是10000多人，红军浴血奋战仍然无法达成原先预定的战略目的。毛泽东当机立断，放弃原定的计划转而西渡赤水，从而取得了“四渡赤水”的胜利，红军也摆脱了国民党军队的围追堵截，为长征的胜利结束奠定了基础。与此相反的是，在“皖南事变”中，当新四军发现自己进入国民党军队的包围圈后，军部的领导人因为内部矛盾一再延误战机，其实就是违反了排中律的表现，最终只有2000多人突出重围。

当我们无法判断哪个选择是正确的时候，其实就是对两个选项都进行了否定，也就是逻辑上的“模棱两不可”，这种情况明显就是违反了排中律。当然，也有人会说“我没有否定，只是不知道哪个选择更好”，然而我们是从实际的行动来判断的，犹豫不决就是没有开始行动，不进行行动也就是对两个选项全部或者是部分的否定，不管是全部否定还是部分否定都违背了排中律。

若想要避免发生“模棱两不可”这种情况，我们就必须从以下两个方

面入手:

首先，当需要进行选择的时候，必须按照排中律的要求来运用各种概念来思考。我们可以把供我们选择的选项分成“是”或者“不是”，这样我们的选择就轻松了，因为其中必然只有一个是错误的，不可能两个都是正确的，或者两个都是错误的。例如，有人邀请你去参加一个活动，而你一直犹豫不决，这时就不妨按照排中律简单地分成两个选项：“去”或者“不去”，不能抱有“既想去又不想去”的念头。

其次，按照排中律的要求来做出自己的判断。还是拿前面这个例子来说，如果选择“不去”是正确的，那么选择“去”就是错误的，二者只能选择其中一个，“既想去又不想去”当然就是“模棱两不可”，有着逻辑上的错误。这时我们就可以从各个方面进行分析，究竟是“去”更好一些，还是“不去”更好一些。

当我们陷入选择困难的时候，其实就是思维上进入了一种误区，违背了排中律的要求而否定了所有的选项，良好地运用排中律能够让我们的表述在逻辑上更精确、更明确，从而最快做出自己的选择。

不过使用排中律的时候必须要注意，世界上不是所有的事物都可以用“是”或者“不是”来划分，某些事物除了互相矛盾的选项之外还有着其他选项，必须具体情况具体分析，如果生搬硬套地用排中律进行“是”或者“不是”的划分，就又犯了“非此即彼”的逻辑错误。此外，学术研究中经常会看到对某种事物持“模棱两不可”的态度，其实这并不是违背了排中律，反而正是态度严谨的表现，说明承认自己对客观世界的认识还不够，还需要进一步的研究才能做出完全的、正确的结论。

矛盾律，为什么事实是唯一的?

《韩非子》记载了这样一个故事：楚国有一个卖武器的商人，他高声地赞扬自己的盾牌："都来瞧都来看啊，看我的盾牌多坚固，天下就没有能够刺穿它的长矛！"随后他又赞扬自己的长矛："都来瞧都来看啊，看我的长矛多锋利，天下就没有它刺不透的盾牌！"旁边的一个人听见了，就问他："要是用你的长矛去刺你的盾牌，不知道会发生什么情况呢？"商人听了张口结舌，无法回答这个问题。

在这个故事中，"长矛"和"盾牌"的属性恰好相反，一个是用来进攻的，一个是用来防守的。如果楚国商人的长矛无坚不摧的话，那么必然就能够刺透自己的盾牌；如果他的盾牌能够阻挡住任何长矛的击刺，那么他的长矛同样也无法刺透自己的盾牌。由此可见，这两种情况不可能同时发生，所以楚国商人的话也就无法自圆其说了。

这个故事后来演变成了成语"自相矛盾"，接着又成为逻辑学中一个重要定律的名字——矛盾律。矛盾律认为，如果两个命题是相互矛盾的，那么在同一个思维过程中就不能同时成立，如果我们用一个公式来描述矛盾律的话，则是 A ≠ 非 A。打个比方，“小明今年 20 岁了”和“小明今年不是 20 岁”，如果“小明”这个名字代表的是同一个人，那么就必然有一个是不对的，否则就违背了矛盾律的要求。

我们再看这样两句话：

· 今天晚上的天气真好，月朗星稀，繁星点点。

· 已经晚上十点了，可是整个办公大楼仍然灯火通明，只有一层到八层没有开灯。

在第一句话中，如果“月朗星稀”，必然是星星少，但是这里却说“繁星点点”，明显和自然常识不符，这就违背了矛盾律。在第二句话中，“灯火通明”和“没有开灯”、“整个办公大楼”和“一层到八层”也是矛盾的。我们可以自己想一下，如果整个办公大楼灯火通明，就代表着所有房间里面的灯都开了，有好几层的办公室没有开灯这种情况就不可能发生，否则也就不是“整个办公大楼灯火通明”了。

虽然按照矛盾律的规定，两个矛盾的属性在同一思维过程中不能纳入同一个概念，但是在修辞学中，这样的表达方式却是一个经常使用的手段。例如“最熟悉的陌生人”，这句话当然是矛盾的，既然是“陌生人”，也就是说两个人以前完全没有任何交集，而“最熟悉”则表示两个人已经认识很久了，彼此对对方都很了解。而作者采用这样的方式来说这句话，他的用意就是想说明这两个人有一些故事，而且采用这样的表达方式可以给人一种特别强烈的冲击感，从而让读者的印象更为深刻。同样的例子还有鲁迅先生的《秋夜》，开篇就写道“我家后院有两棵树，一棵是枣树，另一棵也是枣树”，这句话如果从逻辑学的角度来考究的话，完全就是一个病句，但是如果从整篇文章来看，这里就是精华之所在了。因为“两棵枣树”代表的不是单纯的自然界的树，而是一种暗喻，指的是和鲁迅有着同样思想的革命朋友。这些战友们都是团结的，是一个整体，有着共同的目标。但每一个人同时也是独立存在的，是一个孤独的个体，要自己承受着压力。这句话正是当时鲁迅处境的真实写照。

不过，艺术毕竟高于生活，在现实中我们不能像创作文学作品那样去说话，我们必须保证说话的时候不能产生矛盾，否则就会给听者带来理解上的困难，或者让听者前后的判断无法保持一致。在矛盾律中，“同一思维过程”包含了时间、语境、关系、思维对象等四个要素，而且这四个要素必须保证高度的统一，不然就必定产生矛盾，逻辑上也会发生谬误。

怜悯陷阱，如何激发他人的同情心？

电视或者电影里经常会有这样的情节：坏人被好人抓住了，跪在地上痛哭流涕地求饶，“我上有八十老母，下有三岁幼儿，我死了谁养活他们呀！求求你把我给放了吧！”有时候好人就会因为同情这个人而放了他，然后却被坏人杀害了。

其实这就是一种常见的逻辑陷阱，叫作“怜悯陷阱”，指通过夸大自己的种种不幸，以此来博得他人的同情或者怜悯，从而获得某种利益。

如果我们把这种方式进行仔细分析就会发现，这同样也是一个神逻辑：某人的境况非常悲惨，让人非常同情，所以他所做的错事也都有合理的原因。但是从逻辑上来说，这个人境况是否悲惨、是否令人同情，和他所做的错事根本就没有任何关系。不过，人都是同情弱者的，既然觉得他令人同情，就会下意识地否决了自己原来逻辑推理出的正确的观点，而采信了他人的论点。同样的一件事，如果诉说者心平气和、语气平缓，听的人就会像听一个与自己毫无关系的故事，不会有任何感受；如果诉说者说话时泣不成声，听的人就会觉得感同身受、心生怜悯，渐渐丧失了原有的理性。

怜悯陷阱在生活中也是经常使用的，最著名的故事莫过于刘备扮可怜得到了荆州，从而获得了一个稳定的根据地，奠定了三分天下的基础。据说孙权听取了周瑜的建议，原本以把孙权的妹妹孙尚香嫁给刘备为饵，试图把刘备骗过来杀掉，这样就减少了一个争夺天下的对手。结果是，刘备在诸葛亮的周密策划下，来到东吴后首先去拜访了孙权的母亲吴夫人，在吴夫人面前痛哭流涕地诉说自己的志向和不幸的遭遇，成功获得了吴夫人的同情，最后不但成功地把孙尚香娶到了家，还得到了荆州这块地盘。所以民间有个歇后语说：刘备的江山——哭出来的。

然而令人惋惜的是，在现实生活中，怜悯陷阱被骗子们当成了工具，利用人们的同情心骗取钱财，对社会风气造成了极坏的影响。在人流密集的广场上，一个人跪在地上默然不语，面前放着一个搪瓷碗和一张纸，纸上写着自己不幸的遭遇。不时有人路过时停下脚步，也有人会掏出一些零钱扔给他。没过多长时间，他的碗就满了，只见这个人慢悠悠地站了起来，活动了一下身体，把钱收起后随手拦了一辆出租车扬长而去。

如果仅仅是扮可怜骗取一些钱财也就算了，还有一些人竟然胆大妄为到利用人们的同情心，当众抢劫孩子。有这样一篇新闻：一个年轻的妈妈正抱着宝宝在路边玩，忽然一辆汽车停到了身边，从车里下来了一个年轻男子和一个中年妇女，车门不关也没有熄火，迅速地向他们跑来。男子一把抓住宝宝的妈妈，一边打一边骂，听起来就像夫妻闹矛盾一样。中年妇女则是哭着大声说自己命不好，儿媳妇不孝顺等抱怨、可怜之话，接着从宝宝妈妈手里抢过孩子，马上就惊骇地说："呀，宝宝发烧了，赶紧送他去医院。"说完就抱着孩子钻进了车里。这时候男子把宝宝妈妈重重地推到地上，然后开着车跑了。在这个过程中，宝宝因为害怕一直在哭，宝宝的妈妈被年轻男子打得无法说出完整的话，周围的人听到的话都是年轻男子和中年妇女说的家庭矛盾之事，以为这是家庭内部矛盾，抱着多一事不如少一事的态度在旁边看热闹。直到车子开走了，宝宝的妈妈撕心裂肺地哭着请求周围人救回自己的宝宝，人们才恍然大悟，原来这两个人是抢孩子的。于是一场悲剧就在众人的眼皮子底下发生了。

当有人在我们面前扮出一副可怜的样子时，我们要保持清醒和克制，一定不能让自己的情绪被他人左右，要理性地分析他所说的一切，如果是真的，当然要伸手援助；如果是假的，那就要提高警惕，分析一下他这样做的目的，并及时采取措施。

最佳逻辑策略，如何让对话继续下去?

如果我们想要彻底弄明白某个问题，就必须多问几个“为什么”，这样才能让我们对这个问题了解得更全面，也可以找到更多的证据。然而在交流的时候，我们会发现，如果我们不停地追问，对方脸色会变得很难看，甚至会拂袖而去，双方的交流也就进行不下去了。为什么会出现这样的情况呢? 这是因为我们使用了不恰当的提问方式。

每个人都希望能够更多地了解这个世界，这种行为是人类的天性，我们小时候总是喜欢问“为什么”，就是这种天性的体现。长大之后，随着我们接触的事物越来越多，心中的疑问也越来越多，提问也就成了解决疑问的最佳方式。不过，要做到恰当提问可不是一件简单的事情，也算得上是一门学问了。

就像“为什么”这个词，在交流的时候通常代表着质疑或者否定对方的观点，希望对方能够拿出更有力的证据来证明。对于那些虚怀若谷的人来说，这种质疑和否定恰恰是求之不得的，因为这样可以让他们快速开动脑筋，去寻找更多有力的证据来证明自己的观点是正确的，使自己的观点更完善。然而那些刚愎自用或者心胸狭隘的人就不是这种看法了，他们会认为这是不相信自己，是没事找茬存心跟他们过不去，自然也就交流不下去了。还有一些人，他们或许是怕麻烦，或许是出于保护隐私的原因不愿意让别人了解更多，所以并不喜欢别人问太多的问题。所以在我们质疑对方观点的时候，最好不要直截了当地问“为什么”，如果采用“您能告诉我是如何得出这个结论的吗”之类的提问方式，效果就会好得多。

除了提问的方式以外，还要注意我们的态度。好为人师、同情弱者也是人类的天性，如果你姿态放得很低，让对方觉得他比你技高一筹，即使你提出了很多问题，他也会耐心地一一进行解释。哪怕你们之间的意见有着严重的分歧，甚至否定了对方的观点，最终也不会不欢而散。

此外我们还要学会一些交流的策略，当双方的交流眼看就要陷入僵局的时候，就可以利用这些策略将交流维持下去，避免局面进一步恶化。这些策略主要有以下几点：

· 尽量弥合分歧。我们可以将自己最有力的理由和对方最有力的理由结合在一起，这样或许能够发现一个大家都愿意接受的新结论。

· 先找出双方都能够接受的结论，然后再列举双方的分歧是什么，又是从哪里开始出现分歧的。

· 表示尊重对方的观点，但是我也同样认为自己的观点是对的。

· 问一下对方，如果有了充分的、有力的证据，是否愿意改变自己的观点。

· 如果双方无法立刻解决分歧，那就不妨暂时搁置下来，大家各自回去寻找更多、更有力的能够支持自己观点的证据。

· 俗话说旁观者清，问一下第三人，双方的证据是不是足够充分、足够有力。

· 注意辩论的气氛要热烈而不能激烈。如果发现自己或者对方情绪开始激动，就要提醒自己“要学习别人的优点，不要吵架，即使吵赢了对我也没有任何好处”。

在交流的时候，尽量要营造出欢快一点的氛围，这样可以让双方能够充分地发表自己的见解和观点。在双方有了分歧的时候，我们可以坚持自己的立场，但是绝对不能不允许对方质疑自己的观点，更不能采用剑拔弩张、不留情面的说话方式，这样做只能让交流的大门关闭。一般来说，人们更喜欢和谦虚好学、彬彬有礼的人进行交流，而不愿意和骄傲自满、态度蛮横的人交往，就更不用说交流了。

Chapter 6

逻辑悖论

识破诡辩者的伎俩

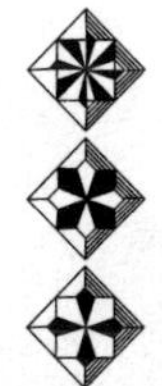

逻辑陷阱，你能弄懂诡辩者的“逻辑”吗？

某人犯了错误，为了减免自己的责任，口若悬河地说了一大套理由。领导听完之后说：“你这是诡辩！我已经掌握了证据，事实的真相根本就不是这样！”这个人顿时哑口无言，乖乖地承认了错误。

那么诡辩究竟是什么呢？又该如何去定义呢？

我们先讲一个小故事，让大家有一个感性的认识。

一节逻辑课结束了，可是有两个学生对老师所讲的“什么是诡辩”仍然不太明白，于是就一起去找老师，想弄清楚这个问题。

老师在逻辑学上的造诣很深，而且对诡辩术也有着深入的研究。听了他们的话后，老师沉思了一会儿，说：“前几天有两个朋友来我家玩，他们一个有洁癖、一个很邋遢。吃完饭后，我邀请他们去洗澡。现在你们告诉我，哪一个朋友跟我去洗澡了？”

两个学生不假思索地回答：“当然是那个邋遢的朋友跟您一起去了。”

老师摇了摇头，告诉他们说："但是对那个有洁癖的人来说洗澡已经成了他的习惯；而邋遢的那个却觉得洗澡是一件很麻烦的事，根本就不愿意去。现在你们说，究竟谁去了？"

学生们笑了，您都已经把答案告诉我们了，这还用猜吗？于是懒洋洋地说道："那个有洁癖的！"

老师又摇起了头，说："不对。你们想呀，有洁癖的人总是把自己收拾得干干净净的，哪里需要去洗澡呢？而邋遢的那个就不一样了，他身上那么脏，早就应该去洗澡了。好吧，再给你们一次机会，究竟谁去洗澡了？"

两个学生这次不敢大意了，犹犹豫豫地说："应该是您那个邋遢的朋友吧？"

老师仍然摇头，说："还是不对！他们两个都应该去，因为有洁癖的那个每天都要洗澡，邋遢的那个需要洗澡。再猜一次，谁去了？"

两个学生这时候觉得头都大了，脑袋都要炸了，两个人交头接耳地商量了半天才给出了自己的答案："老师，我认为他们都去了！"

老师说道："难道你们就不会自己思考，只能顺着我的话说吗？实话告诉你们，他们两个谁都没有去！理由就是有洁癖的人身上很干净而不需要洗澡，而邋遢的人嫌洗澡麻烦不想去！”

学生们这下彻底蒙圈了，感觉整个世界都不美好了。呆了半天才说道：“老师，您的回答怎么一会儿一变呢？我们觉得每一个说法都很有道理，也都符合逻辑，根本就找不出哪里有推理错误的地方。为什么我们一回答就错呢？”

听了他们的话，老师满意地点了点头，说：“你们说的没错，不管你们怎么说，我都不会认可你们的答案。现在你们明白了吧，这就是诡辩！”

那么，聪明的读者，你们现在是不是明白什么是诡辩了？

所谓诡辩，就是把真的说成假的、把假的说成真的，也就是我们常说的颠倒黑白、混淆是非。德国的著名哲学家黑格尔曾经对诡辩做出过系统的批判，他说：“诡辩这个词通常意味着以任意的方式，凭借虚假的根据，或者将一个真的道理否定了，弄得动摇了；或者将一个虚假的道理弄得非常动听，好像真的一样。”

“任意的方式”代表着诡辩者所说的话是随心所欲地采用任何逻辑规则得来的，“虚假的根据”说明诡辩者在论证时所采用的证据是不真实的，这两点是诡辩的基本特征。

诡辩和谬误是不同的，诡辩是有意把真理说成错误，而谬误是因为知识不足而产生错误。诡辩和武断、谣言也有着本质的区别，武断是没有证据的结论，人们一听就明白是强词夺理，谣言是无中生有，人们一听就知道说话的人居心险恶。

不过我们必须承认，能够熟练运用诡辩术的人都有着一定的逻辑思维，准确地说要比没有系统学习过逻辑学的普通人说话更有逻辑，所以当诡辩者理直气壮地宣扬自己的观点时，很多人都会觉得他们说得很有道理，根本就无从辩驳。

如果想要分辨某个人说的话是不是诡辩，首先就要先弄明白他的思维逻辑，做到了这一点才能找出他的逻辑陷阱。诡辩者的思维逻辑通常来说有以下三个主要特点：

· 利用人们对某些事物的不熟悉而建立起论点。

· 诡辩者会采取偷换论题或者模糊论题的方式，把对方的思路扰乱。

· 诡辩者会捏造一些并不存在的论据来证明自己的观点，甚至作为自己诡辩的前提。

随着互联网时代的来临，人们获得知识的手段和来源越来越多，对于有些诡辩，虽然我们当时无法识破，但只要事后上网一搜就能够明白了。然而，诡辩术也是与时俱进的，时代的发展也让更多、更新颖的诡辩方式出现，所以我们在生活中也要提高警惕，对已经出现的诡辩术进行总结和研究。

美诺悖论，为什么合乎逻辑的事不一定为真?

在《对话集》中，柏拉图曾经记载了美诺和苏格拉底的一场辩论，美诺在辩论中提出了一个悖论，后人称之为“美诺悖论”，逻辑学认为这就是认知悖论的起源。在“美诺悖论”之后，又出现了“逻辑悖论”和“罗素悖论”等一系列各种各样的认知悖论，如果能够了解清楚这些悖论的含义，那么我们就可以更加清楚究竟什么才是认知悖论。

逻辑学和哲学认为，对于人类逻辑思维形式来说，“美诺悖论”就是一块“绊脚石”。那么“美诺悖论”究竟是什么呢？它的大致观点就是：所有的人都不应该把自己的精力浪费在研究那些已知和未知的事物上。如果一个事物你已经知道了，那么你还研究它干什么？如果是一个你根本就不知道的事物，你连研究对象都不清楚，又怎么去研究呢？你又如何保证你所研究的对象就是你想要研究的呢？

美诺的这个观点看起来似乎很有道理，但是如果我们仔细研究就会发现，这个观点根本无法成立，因为它需要的前提有两个：一个是“全部都知道”，另一个是“一点都不知道”。然而在现实生活中，所有的研究都是在已经知道一点的基础上进行探索，试图知道更多乃至全部。也就是说，我们明确地知道自己研究的是什么，研究就是为了更深入、更透彻地了解研究对象。

从本质上来说，“美诺悖论”就是我们平常说的“懒汉思想”，它反对对任何事物进行研究，会阻止人类的进步。柏拉图对“美诺悖论”也是持反对态度的，他说：“……面对未知的事物，我们不用刻意地追求弄清它究竟是什么。我们可以进行一定的预研，为后人的研究打下基础。”

“美诺悖论”涉及了两个主体“全部都知道”和“一点都不知道”，这在逻辑上称为多主体，我国的先贤们对此也有着一定的研究。《庄子·秋水》有这样一段记载。

据说庄子和惠施在濠水的桥上散步，庄子看到桥下的鲦鱼自由地游来游去，就感慨地说道：“这些鲦鱼在水里悠闲自如，是因为它们很快乐呀！”

惠施听了就反驳说：“你又不是鱼，你怎么知道鱼快乐不快乐呢？”

庄子反唇相讥：“你又不是我，又怎么知道我是不是知道鱼快乐不快乐呢？”

这段话就是著名的“濠梁之辩”，留下了我们耳熟能详的名句“子非鱼，焉知鱼之乐”与“子非我，焉知我不知鱼之乐”。庄子和惠施辩论的主体是不一样的，如果他们就这个命题进行辩论，永远都结束不了。对于我们普通人来说，他们的辩题太复杂了，是一个关于多个主体的认知命题，而且还在多个主体之间展开了互知推理，根本就不是我们能够理解的。

由于认知悖论的基础是认知逻辑，那么认知悖论中包含的认知命题越多，所需要的推理过程就越复杂，最后得到的结论也就越多种多样。想要辨别一个命题是不是悖论并不难，只要从以下三个方面入手就可以了：

- 看这个命题的前提条件是否有问题。
- 看这个命题推理是否符合逻辑。
- 推理出的结论是否正确。

分散投资悖论，鸡蛋真的不能放在一个篮子里?

大部分人都认同“鸡蛋不能放在一个篮子里”这个观念，认为这样能够让风险最小化，得到的利益也最大。然而这个观念真的是正确的吗?真的能够保证投资者风险最小、获利最大吗?

从逻辑学上来说，这个观念是一个悖论，不管是从一般角度还是从特定角度上来说都是不成立的。

我们首先从一般角度上来分析。“如何投资”是一个复杂的命题，有太多太多的方法可以解决，然而“分散投资”无疑是其中最简单的方法。如果我们用演绎法来分析的话，就会发现这个建议是不对的，因为它试图用一个简单的方法来解决一个复杂的问题，而复杂的问题是没有简单的答案的。当然，我们并不否认那些有大智慧的人能够做到这一点，可是在芸芸众生中，绝大部分都是普通人，是无法做到的。如果某个概念对大部分人都不适合，那么就不能说这个概念是正确的。

其次，我们从特定角度来分析。我们来看看比尔·盖茨，他在刚开始创业的时候只有微软这一个公司，然而就是靠这一个公司，他成为世界首富。不知道他是不是相信了“鸡蛋不能放在一个篮子里”这个说法，随后他分散投资了不同的项目，却在好几个项目上都赔了钱。如果他投资的其他项目和微软相比，就是风险增加了，然而收益却减少了。还有一个人也是同样的情况，那就是金融大鳄索罗斯。在 1992 年的时候，索罗斯对英镑非常看好，于是对英镑豪掷 100 多亿美元，随后在短短的几天之内就获取了 15 亿美元的利润。后来他的投资策略变得保守起来，将资金分散到了不同的项目上，然而却屡战屡败，损失了大量的资金。

由此可见，是否能规避风险、获得收益并不在于资金的分散，而是在于能不能在正确的时间进行正确的选择。在资本市场上，根本就没有什么诀窍让人们只赚不赔。任何一个理论都无法脱离这个真理而存在，分散投资定律同样也不例外，否则就不符合逻辑了。

综上所述，我们可以明白“鸡蛋不能放在一个篮子里”是一个被过度概括的、简化了的逻辑悖论。因为它是过度概括的，所以从表面上看来是正确的，会让人怀疑自己的决定不是破釜沉舟；因为它是简化的，根本就不是从复杂的投资环境出发，从而使投资者放弃了本来的理性选择，为了规避风险反而陷入了风险。

罗素悖论，究竟是谁替理发师剃胡子？

在19世纪的末期，德国有一个叫康托尔的数学家提出了“集合论”。这个理论虽然在初期遭受了很多非议，但是数学家们很快就发现了它的妙用，于是越来越多的人开始对它进行研究。德国的著名数学家弗雷格也是其中的一员，他以康托尔的研究成果为基础，进一步完善和发展了“集合论”，并且准备出版发行。然而就在他打算将书稿寄给出版社付印的时候，他收到了英国知名逻辑学家、数学家伯特兰·罗素的一封信，罗素在信中讲了一个小故事，用一个逻辑悖论一下子将弗雷格的研究基础打得粉碎，弗雷格的研究成果也就没有了任何意义。

罗素在信中所讲的故事是这样的：在一个小村庄里有一个性格古怪的理发师，他有一个规矩，如果谁自己给自己剃胡子，那么他就不给这个人剃胡子，不自己剃胡子的人，他就一定给那个人剃胡子。于是有人就问他：“你给自己剃胡子吗？”理发师顿时无言以对了。这个故事就是有名的“罗素悖论”。

下面我们就试着分析一下这个悖论是如何矛盾的。从实际情况来看，只可能有两种情况发生，也就是这个理发师要么给自己剃胡子，要么不给自己剃胡子。然而从逻辑上来说，这两种情况都会发生逻辑矛盾。

首先我们谈一下给自己剃胡子在逻辑上是如何矛盾的。按照这个理发师的规矩，他不给那些自己给自己剃胡子的人剃胡子，既然他是“自己”给自己剃胡子的，那么他作为一个理发师就不能给“自己”剃胡子了，然而他又确实给“自己”剃了胡子，这就产生了矛盾。

然后我们再谈一下他不给自己剃胡子是如何矛盾的。同样按照他的规矩，如果他不是“自己给自己”剃胡子的话，那么他就应该给“自己”剃胡子，这就又矛盾了。

也就是说，如果这个理发师不想给自己剃胡子的话，他就必须给自己剃胡子；如果他想要给自己剃胡子的话，他就不能给自己剃胡子。不管他做出任何一个选择，在逻辑上都是矛盾的，也就是形成了我们常说的逻辑悖论。逻辑悖论就是一种逻辑矛盾，用常规的逻辑方式是很难消除和化解的。

和“理发师的规矩”类似的还有一句话，就是苏格拉底的名言“我只知道一件事，那就是我一无所知”。当然，这是苏格拉底的谦虚之词。然而这句话本身就是一个悖论：既然苏格拉底知道一件事，那么他就不是一无所知；如果他真的一无所知，那么他就不知道自己一无所知。

白马悖论，白马究竟是不是马?

逻辑并不是西方所独有的，我国古代对逻辑也有着很深的研究，在春秋战国时期还有一个专门研究逻辑思维的学派——名家。名家也是诸子百家的一员，它不像儒家、法家、墨家等学派一样去研究社会问题，而是致力于与逻辑思维有关的活动。名家的代表人物是公孙龙，代表作是《公孙龙子》，代表性言论就是“白马非马”这个逻辑悖论。

据说公孙龙骑着一匹白马要进城，把守城门的士兵就要求他缴入城费。按照当时的规定，不管是人还是动物，进城都要缴纳一定的费用，然而公孙龙却只缴了他自己的入城费，而没交马的。士兵当然不会答应了，就拉着他不让他进去，说：“公孙先生，马的入城费还没有给呢，您必须要把马的入城费也缴了才能进去。”

公孙龙冲着士兵嘿嘿一笑，说了一句谁也想不到的话。他说：“白马不是马。”

士兵愣了，问他：“白马怎么不是马呀？白马当然是马了！”

公孙龙说：“那按照你的说法，我叫‘公孙龙’，那我岂不就是一条龙了？可是你仔细看看，我浑身上下哪一点有龙的样子？”

士兵有点晕，可是他的职责就是收取入城费，如果公孙龙不把马的钱缴上，他会受到上司的责罚，于是仍然坚持原则道：“公孙先生，按照规定马进城是一定要缴入城费的。我不管您骑的是白马还是其他什么颜色的马，想要进去就必须把入城费给缴了。”

公孙龙哈哈大笑，说：“‘白’是一种颜色，‘马’是一种动物的名字。颜色和动物是没有任何关系的，所以‘白马’这个词我们可以分成两部分，一个是‘白’、一个是‘马’。我给你举个例子，你去买马的时候，如果你告诉卖马的人‘我买一匹马’，那么卖马的人不管是给你黑色的马、红色的马或者任何一种颜色的马都符合你的要求；如果你告诉他‘我买一匹白马’，那么他就必须给你白马，其他任何颜色的都不行。这就足以证明，‘白马’和‘马’根本就是两个完全不同的概念，所以我说‘白马不是马’并没有任何问题。你现在明白了吧？”

士兵哪里听过这样高深的道理呀，头点得像小鸡啄米似的，一脸崇拜地说：“公孙先生，您说得太有道理了。不过，您就是说破天去，不把这个东西的入城费缴了，它就不能进去。”

名家对逻辑很有研究，提出了很多精妙绝伦的辩论方式，为中国古代的逻辑思维在理论上做出了巨大的贡献，不过他们也提出了许多诸如“白马非马”之类的悖论。这些悖论显然已经超出了普通人能够理解的逻辑范畴，虽然心里知道他说得不对，但是听上去完全都是“你说得好有道理，我竟无言以对”的感觉。所以，对于逻辑思维不强的人来说，根本就无法从逻辑上来驳斥他们。庄子就认为，名家可以把人辩论得无言以对，但是对方永远都不会从心里赞同他们的观点。

“白马非马”这个逻辑悖论在逻辑上是说得通的，但是谁都知道这个命题绝对是错误的，如果用辩证法来分析的话，这个悖论就是把事物的普遍性和特殊性割裂了。“白马非马”这种逻辑悖论是很容易分辨的，它有两个显著的特点：

- 逻辑严密，普通人根本无法以自己的逻辑知识来辩驳。
- 结论不符合常识。

其实对于这种悖论也不必辩驳，哪怕对方说得天花乱坠，我们只要坚持自己的原则，不符合常识、不符合道义的事情不去相信就可以了。

矛盾前提，不健全论证很唬人

如果我们的论证中有了谎言，那么不管我们的逻辑多么完美，都不可能让人信服。在论证的时候，必须要有真实的前提和有效的逻辑，这样才是一个完整的论证。如果两个前提是矛盾的，那么必然一个是真的一个是假的，不可能同时都是真的。当我们能够确定其中一个是假的时候，那么也就可以确定，这个论证是不健全的，所得到的结论也不可能是正确的。

我们举一个例子："所有的生物都能够繁衍后代，而骡子不能繁衍后代，所以骡子不是生物。"这句话从逻辑上来说是没有任何问题的，但是常识告诉我们，骡子确实是一种生物，那么究竟是哪里出错了呢？对，问题就出在前提上！既然骡子是生物，那么"所有的生物都能够繁衍后代，而骡子不能繁衍后代"这两个前提就必然有一个是错误的。然而，从古到今骡子都是不能繁衍后代的，说明这个前提是正确的，那么"所有的生物都能够繁衍后代"这个前提就是错误的。既然前提是矛盾的，就说明必定有一个是错误的，那么得出的结论也就不可能是正确的。

这是一个很有趣的谬误，因为它的推导过程有着完美有效的逻辑，虽然人们都觉得不可思议，但是却无法质疑这个推导过程，甚至学识不足的人还会信以为真。不过这种论证只能唬那些不懂得逻辑的人，对于任何一个学习过逻辑的人来说，像这种矛盾前提的情况都属于不实陈述，无论论证时使用的逻辑多么完美、多么有效，都不代表这个逻辑是“健全”的，所以这个论证是不健全的，所得到的结论也是错误的。

利用这种不健全论证，我们可以随意建立起任何论证，包括“猫不吃鱼”“月亮是奶酪做的”等这些不可思议的论证。但是这样的做法没有实际意义，只能当作一个游戏说说。如果在生活中使用这样的论证，大部分人凭常识就可以听出结论的错误。

不过，如果是一个逻辑高手使用不健全论证的话，效果就截然不同了，他们会把听众认可或者接受的矛盾穿插在松散的语言中，并且用严谨的逻辑把松散的语言变成一个整体，让人不知不觉地就接受了他的结论。

例如“小明在学习时一直都很努力，偶尔散漫一点，由此看来，他没有取得好名次也是应该的。”对于听众来说，这句话虽然听起来有点不对劲，但是也不是不能接受的。但是如果我们较真的话，就会发现，“一直”和“偶尔”是矛盾的，那么这个论证就是不健全的，结论也自然不可信了。

不相干论证，从前提出发，无法必然推出结论

鲁迅先生笔下有一个很经典的人物——阿 Q，他有这样一段“名言”：一个女人在外面走来走去，肯定是想勾引男人；一男一女在角落里窃窃私语，一定也是有什么见不得人的勾当。阿 Q 的这番言论有些莫名其妙，明明两件风马牛不相及的事情，愣是被他扯在了一起，竟然还推出来一个生硬的结论。

在鲁迅笔下，虽然阿 Q 是个十足的乡下人，但是，在与邻居间的辩论中，他却每次都能辩得别人无话可说，是常胜将军。他获胜的法门有两招：精神胜利法和奇怪的逻辑。阿 Q 的很多荒唐事都是用这些特殊的逻辑办出来的。比如，他跑去静修庵，迎面碰到小尼姑，便伸手去摸小尼姑的头，小尼姑骂他动手动脚，他却说：“和尚动得，我动不得？”还有一次，他跑去庵里偷萝卜，被老尼姑逮个正着。阿 Q 没有丝毫羞愧之意，反而理直气壮地说，你说这萝卜是你的就是你的？有本事你喊它一声试试，看它会不会应你！

阿 Q 的这些话明明是胡搅蛮缠，然而被问的人如果不会使用这种特殊的逻辑，经常会被问得不知如何应对。这种逻辑很简单，那就是“推不出”“圆不了”。就是说，从前提出发，无法必然推出结论，无法自圆逻辑。

不过在逻辑学中，是有这种现象的。这种“推不出”的逻辑陷阱，被称为“不相干论证”。换句话说，这种逻辑中的论据无法论证论题。也就是说，看起来言之凿凿，实际上论据与论题之间并不存在任何必然的联系。

很久以来，我们都习惯称好色之徒为登徒子。然而事实上，登徒子是被冤枉了。究竟是谁冤枉了他呢？很显然，是宋玉。他在《登徒子好色赋》中提出了“登徒子”一说，自此之后，“登徒子”就被抹黑了。

登徒子是楚国的一名大夫。一日，他在楚王面前，提到宋玉时是这样说的：“宋玉虽然仪表堂堂，辩才出众，可是此人贪恋女色，大王万万不可让他进入后宫呀！否则必然后患无穷。”楚王也是一个奇怪的人，登徒子的一番话说完，他没有发表任何意见，而是直接前去质问宋玉。宋玉辩解说：“大王，臣容貌俊美不假，然而这是天生的，是父母给的；善于言辞，则是后天勤奋，从师长那里学来的；可是说我贪恋女色，则完全是无中生有。”

楚王问：“那你有什么理由证明自己没有沉迷美色之中呢？”

宋玉解释道：“在臣看来，天下女子，没有哪国的美女可以比得过楚国的美女。楚国之内，没有哪个地方的美女能比得过我家乡的美女。在我的家乡里，最美的姑娘没有可以超过我家邻居之女。这个姑娘肌肤晶莹剔透，恰似白雪；两眉弯弯，恰似翠鸟的羽毛；牙齿整整齐齐，似一排小贝壳；个子增一分则嫌高，减一分则嫌矮；她倾国倾城，嫣然一笑，足以让所有人都为之倾倒。这位绝色女子对他人连正眼都不看一眼，却日夜趴在我们两家中间的墙上，窥视臣的饮食起居，这种情况，已有三年之久。然而，臣有家室，深知伦理纲常，所以直至今日，臣也没有答应与她来往。然而，登徒子完全不同，他的妻子长相丑陋，蓬头垢面，满嘴龅牙，弯腰驼背，走起路来还一瘸一拐。日夜面对这样一位妻子，登徒子竟然喜欢得不得了，还生育了五个子女。那么，请问大王，登徒子和臣相比，究竟谁是好色之徒呢？”

宋玉完全就是强词夺理，然而，经过这样一番忽悠，糊涂的楚王竟然相信登徒子才是真正的好色之徒，从此不愿重用他。

其实，我们只要稍微用点脑子，分析一下宋玉的话，就会发现漏洞百出。虽然他列举的理由可以证明自己不是好色之徒，却根本无法通过登徒子喜欢自己丑陋的妻子，从而得出“登徒子是好色之徒”这一结论。登徒子不嫌弃结发妻子年老色衰，这怎么是好色呢？二者之间显然没有任何必然的逻辑关系。宋玉的这一番言论，实属诡辩，这里面的逻辑正是利用了不相干论证。

我们在日常生活中遭遇争执时，一些胡搅蛮缠之人就经常会使用不相干论证。听起来振振有词，气势很强，很容易让对方一下子乱了手脚。这种情况下，一定不能慌张，使用不相干论证者往往是虚张声势，我们要保持清醒的头脑，仔细分辨这种逻辑中的谬误，不要让其干扰自己的判断，以客观事实为基础，正本清源，还原事实真相。

但凡逻辑诡辩，总是存在谬误，无法自圆其说，最直截了当的反驳手段就是逆着对方的思路，直指其逻辑要害。例如，蔬菜是否会答应，与它的主人是谁毫无关系；登徒子与妻子的关系，也无法证明他是否好色。其实，道理虽然简单，但人们在平时说话的时候，有可能缺乏与人打交道的经验，或者无法一直保持绝对理性的状态，很可能被对方的这种纠缠不清的不相干论证逻辑搞得哑口无言，甚至被对方牵着鼻子走，反倒自己感觉“没理”了。此时，只要跳出对方的逻辑陷阱，问题就迎刃而解了。